Pakete

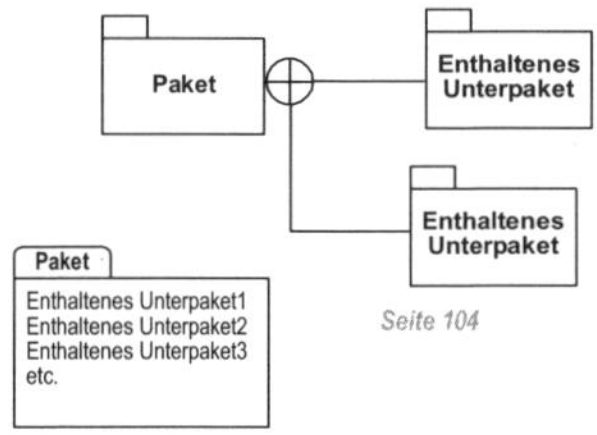

Deployment

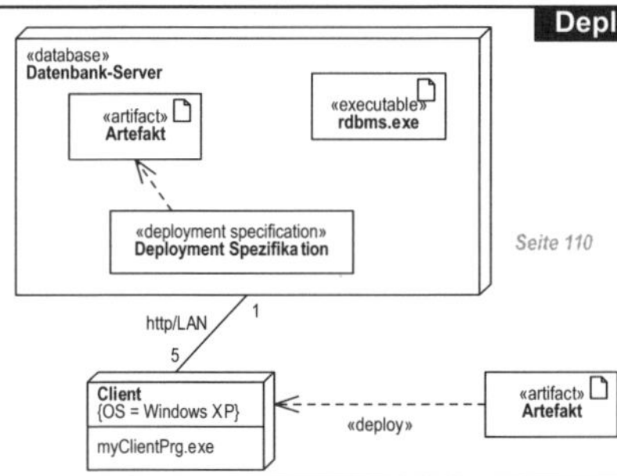

Komponenten

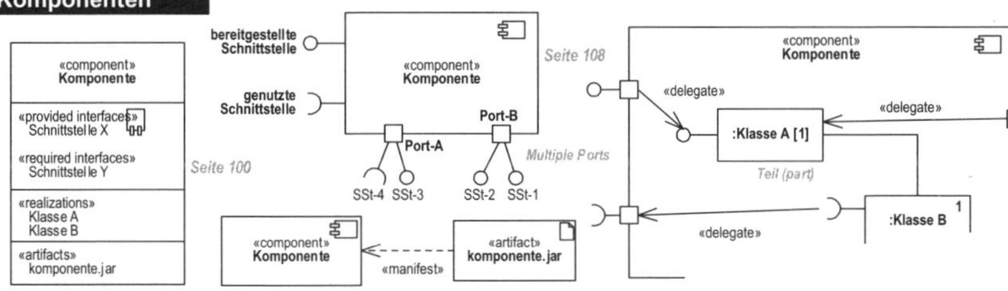

Zustandsdiagramm

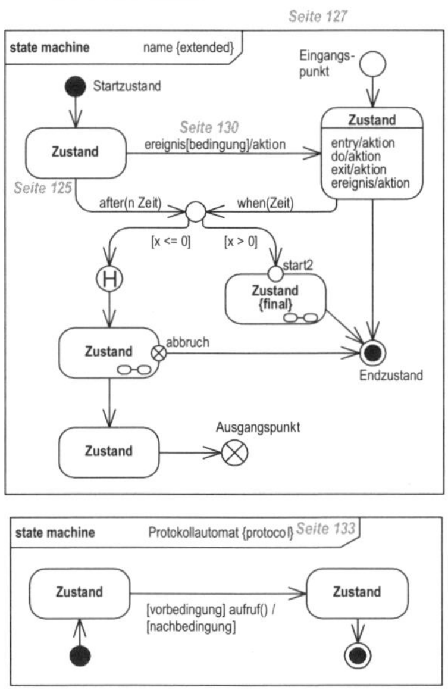

Kommunikation

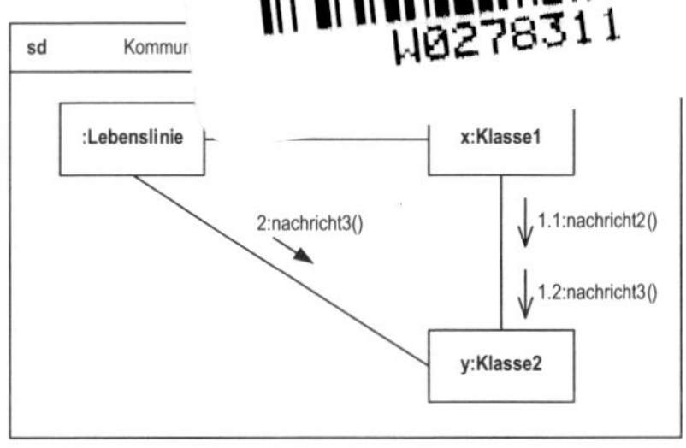

Zeitdiagramm

Seite 144

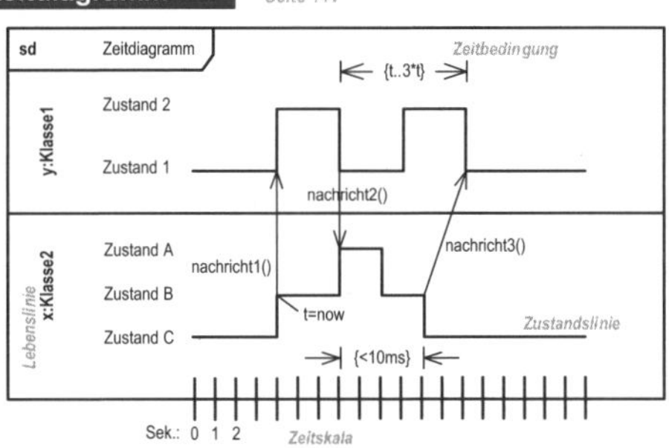

Aktuelle Fassung, Info und Download: http://www.oose.de/uml

Die UML-Kurzreferenz 2.3 für die Praxis

kurz, bündig, ballastfrei

von
Bernd Oestereich
unter Mitarbeit von Stefan Bremer

5., überarbeitete Auflage

Oldenbourg Verlag München

Dipl.-Ing. Bernd Oestereich ist Gründer und Geschäftsführer der oose Innovative Informatik GmbH, einem Unternehmen, das auf Training, Coaching und Beratung im Bereich Individual-softwareentwicklung spezialisiert ist.
E-Mail: Bernd.Oestereich@oose.de
Internet: www.oose.de

Dipl. Wirt.-Inf. Stefan Bremer ist Trainer und Berater für Analyse, Design, Geschäftsprozessmodellierung und Qualitätssicherung bei der oose Innovative Informatik GmbH.
E-Mail: Stefan.Bremer@oose.de
Internet: www.oose.de

Bibliografische Information der Deutschen Nationalbibliothek

Die Deutsche Nationalbibliothek verzeichnet diese Publikation in der Deutschen Nationalbibliografie; detaillierte bibliografische Daten sind im Internet über <http://dnb.d-nb.de> abrufbar.

Rosenheimer Straße 145, D-81671 München
Telefon: (089) 45051-0
oldenbourg.de

Lektorat: Dr. Margit Roth
Herstellung: Anna Grosser
Coverentwurf: Kochan & Partner, München
Satz: Bernd Oestereich und Stefan Bremer
Gedruckt auf säure- und chlorfreiem Papier
Gesamtherstellung: Grafik + Druck, München

ISBN 978-3-486-59051-7

Liebe Leserinnen und Leser,

die Version 2.3 der UML enthält nur einige kleinere Veränderungen und Schärfungen gegenüber den Vorversionen. Der letzte große Meilenstein war der Versionssprung von zu 2.0 im Jahr 2004.

Seit der Version 2.2 ist das Profildiagramm als neues Diagramm hinzugekommen. Mit der Version 2.3 wurden vor allem interne Strukturen überarbeitet. Um die UML 2.3 widerspruchsfrei und eindeutig einsetzen zu können, weise ich jeweils auf alle wichtigen Unterschiede zu Vorversionen an den betroffenen Stellen hin.

Um ein wirklich kompaktes Buch zur Notation und Semantik der UML zu machen, habe ich mich auf die aus meiner Erfahrung wichtigen und praxisrelevanten Konzepte beschränkt und manchmal auch Warnungen und kritische Anmerkungen angebracht. Wie so oft, werden Sie wahrscheinlich mit 20 Prozent der Elemente 80 Prozent Ihrer Modellierungsarbeit verrichten können. Dieses Buch enthält deswegen nur ca. 40 Prozent der Spezifikationsdetails der UML.

Was das Buch nicht beinhaltet ist eine Methodik, d.h. eine Anleitung wie die UML erfolgreich anzuwenden ist. Dies ist nicht Bestandteil der UML und gehört somit auch nicht zum UML-Standard.

Dennoch gibt es auch hierfür ein Standardwerk, sozusagen der "große Bruder" dieses Buches: "Analyse und Design mit der UML 2.3", in dem der Inhalt dieses Buches lediglich ein Kapitel darstellt.

Hamburg, 2009 Bernd Oestereich

Inhaltsverzeichnis

1 Vorweg

1.1 Die Historie

Die Idee der Objektorientierung ist über 30 Jahre alt und fast ebenso lange liegt die Entwicklung objektorientierter Programmiersprachen zurück, die in Abb. 1.1-1 gezeigt wird. Hervorzuheben ist hier der Entwicklungspfad von Smalltalk, der ersten umfassenden und kommerziell verfügbaren objektorientierten Entwicklungsumgebung. Die Smalltalk-Entwickler am Xerox Palo Alto Research Center (Xerox PARC) haben alle wesentlichen objektorientierten Konstrukte erfunden, adaptiert, zusammengeführt und zur Reife geführt. Auch jüngere Sprachen wie Java und C# beinhalten kaum weitere Grundkonzepte (vielleicht mit Ausnahme des Interface-Konzeptes). Insofern kann Smalltalk, auch wenn die Sprache heute nicht mehr populär ist, als Referenz für Objektorientierung angesehen werden.

Am Anfang war Smalltalk: Xerox PARC

Während es auch seit den 1970er Jahren Publikationen zur objektorientierten Programmierung gibt, erschienen die ersten Bücher über objektorientierte Analyse- und Designmethoden erst Anfang der 1990er Jahre, siehe auch Abb. 1.2-1: Historische Entwicklung der UML (⇨14). Zu den ersten Autoren gehören Adele Goldberg, Grady Booch, Peter Coad, Edward Yourdon, James Rumbaugh, Bertrand Meyer, Rebecca Wirfs-Brock, Sally Shlaer, Stephen Mellor, James Martin, James Odell, Brian Henderson-Sellers, Ivar Jacobson und Donald Firesmith. Viele der Methoden dieser Autoren sind auf bestimmte Anwendungsbereiche spezialisiert und begrenzt.

OO-Methodengurus der ersten Stunde

Die Methoden von Grady Booch und James Rumbaugh haben sich Anfang der 90er Jahre zu den deutlich beliebtesten entwickelt. Die OMT (Object Modeling Technique) von Rumbaugh war dabei eher an die strukturierten Methoden angelehnt. 1995 begannen Booch und Rumbaugh, ihre Methoden zur *Unified Method* (UM) zusammenzuführen.

Die *Unified Method* wurde jedoch schon bald in *Unified Modeling Language (UML)* umbenannt, was auch eine angemessenere Bezeichnung darstellte, weil es sich im Wesentlichen nur um die Vereinheitlichung der grafischen Darstellung und Semantik der Modellierungselemente handelte, jedoch keine Methodik beschrieben wurde. *Modeling Language* ist hauptsächlich eine vornehmere Umschreibung für *Notation*.

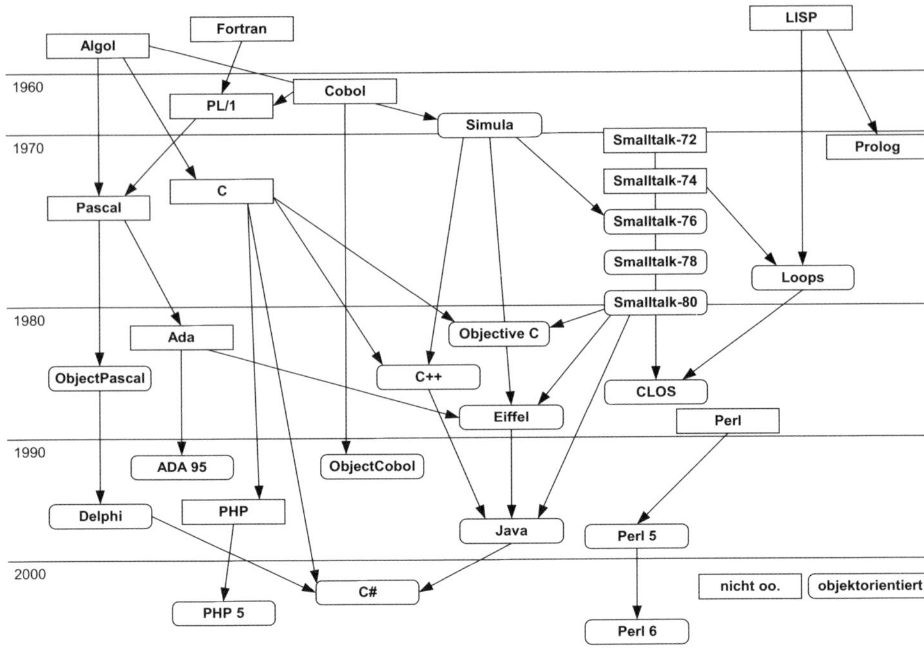

Abb. 1.1-1: Historische Entwicklung objektorientierter Programmiersprachen

Die Amigos

Kurze Zeit später stieß auch Ivar Jacobson dazu, so dass die von ihm geprägten Use Cases (dt. Anwendungsfälle) integriert wurden. Die drei nannten sich fortan „Amigos".

SysML

Im Laufe der Zeit erweiterte sich das Einsatzgebiet der UML und die Vorteile der Stereotypisierung halfen an vielen Stellen, UML auch in anderen Fachgebieten einzusetzen. Für Projekte, bei denen verschiedene Ingenieursdisziplinen gemeinsam an der Lösung einer Aufgabe arbeiten stellte sich aber heraus, dass die UML nur bedingt geeignet ist und es wurde eine eigene Sprache für die Modellierung von Systemen erarbeitet und unter dem Namen SysML im Jahre 2005 in der Version 0.9 verfasst und durch die OMG verwaltet und vorangetrieben wurde. Aktuell ist die Version 1.1, in die Teile der in UML vorgenommenen Änderungen einflossen und dem zwei neue Diagramme, das Anforderungsdiagramm und das Parameterdiagramm hinzugefügt wurden [Weilkiens2008].

Zertifizierung

Um sowohl den Anwendern der UML, als auch den Firmen Sicherheit zu geben, dass ein gewisser Qualifizierungsgrad im Verständnis der UML erreicht wurde, führte die OMG ein dreistufiges Zertifizierungsprogramm ein. Die drei Stufen sind *Fundamental*, *Intermediate* sowie *Advanced*, sie bauen aufeinander auf und richten sich an verschiedene Anwendungsbereiche.

Der Fundamental-Stufe ist für Entwickler, Analytiker und Designer, die die UML kennen lernen und erste Projekte mit Unterstützung von UML modellieren und entwickeln möchten.

Die Intermediate-Stufe ist für erweiterten Projekteinsatz, bei dem viele eigene Stereotypen benötigt werden und über das Grundverständnis der Anwendung der UML hinausgeht.

Die Advanced-Stufe dient den Tool-Herstellern und den Menschen, die die UML weiterentwickeln, als Grundlage.

1.2 Die Unified Modeling Language

Booch, Rumbaugh, Jacobson

Weil die Notationen von Booch, Rumbaugh und Jacobson bereits sehr populär waren und einen hohen Marktanteil hatten, bildete die Zusammenführung zur *Unified Modeling Language (UML)* einen Quasi-Standard. Schließlich wurde 1997 die UML in der Version 1.1 bei der Object Management Group (OMG) zur Standardisierung eingereicht und akzeptiert. Seitdem erfolgt die Weiterentwicklung der UML durch die OMG. Später hat auch ISO die UML als Standard akzeptiert [ISO/IEC 19501].

OMG

Die UML-Versionen 1.2 – 1.5 enthielten jeweils einige Korrekturen und Erweiterungen. Die Version 2.0 stellt eine grundsätzliche Überarbeitung der UML dar. Die Spezifikation, das Metamodell und der Abdeckungsumfang wurden weitgehend neu konzipiert. Im Juni 2003 wurden entsprechende Einreichungen zur UML 2.0 von der OMG abschließend ausgewählt und angenommen. Danach folgte ein Prozess mit kleineren Korrekturen, Ergänzungen und Verbesserungen der Anfang 2006 in die Version 2.1 mündete. Im Jahre 2008 wurde die UML-Spezifikation 2.2 freigegeben. Anfang 2010 wird es die Version 2.3 sein, deren Vorabspezifikation uns vorlag und die Grundlage für das Buch bildete.

Aktuelle Informationen hierzu finden Sie unter http://www.omg.org/uml/ oder unter http://www.oose.de/uml.

Die UML ist in erster Linie die Beschreibung einer einheitlichen Notation und Semantik sowie die Definition eines Metamodells. Die Beschreibung einer Entwicklungsmethode gehört nicht direkt dazu, sie wurde von den Amigos erst Anfang 1999 mit der Publikation des Buches *The Unified Software Development Process* [Jacobson1999], dem so genannten *Unified Process* nachgeliefert. Während UML der Standard als Notation geworden ist, ist der Unified Process heute jedoch nur eines von vielen Vorgehensmodellen.

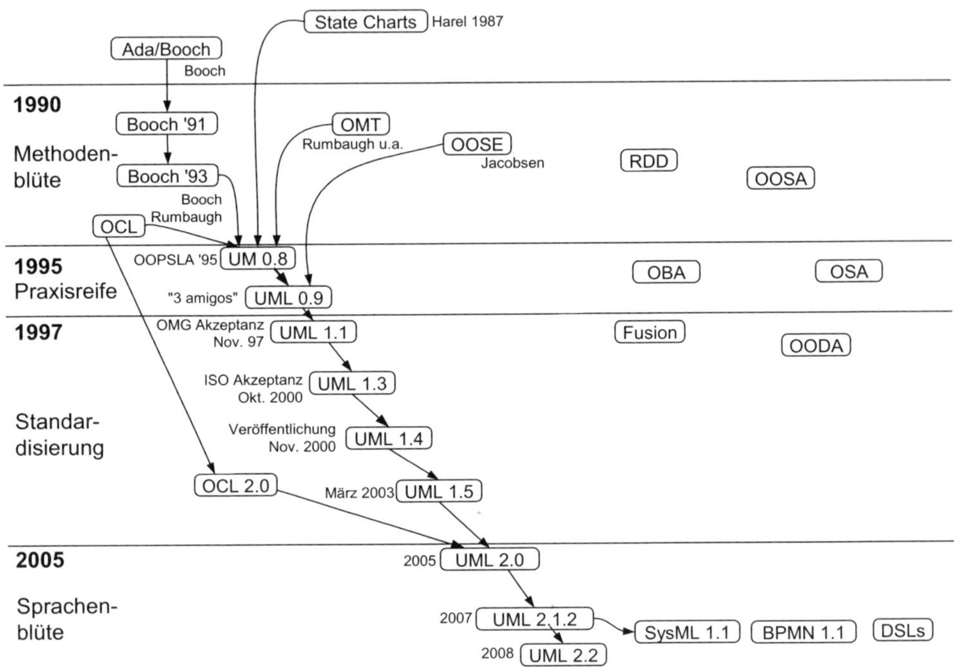

Abb. 1.2-1: Historische Entwicklung der UML

Die UML ist sehr vielfältig und integriert auch interessante Ideen und Konzepte anderer Autoren. Neben den Gedanken von Booch, Rumbaugh und Jacobson finden sich zum Beispiel auch die von Harel [Harel1987] (Zustandsdiagramme) oder Cook [Cook2004] (OCL, Object Constraint Language) wieder. Die neueren Versionen der UML, besonders ab 2.x, sind kaum noch durch die ursprünglichen Initiatoren geprägt, sondern haben viele andere Ideengeber und Mitarbeiter.

Die Grundkonzepte objektorientierter Softwareentwicklungsmethodik sind ausgereift und bewähren sich in der Praxis. Andererseits bietet gerade die UML einen beachtlichen Detailreichtum und ist daher durchaus mit Bedacht anzuwenden. War die UML 1.x schon an vielen Stellen überladen, so ist die Spezifikation der UML 2.x umfangreicher denn je.

Erdrückende Vielfalt?

Die Vielfalt der Beschreibungsmöglichkeiten wirkt häufig erdrückend, ein tieferes Verständnis für die UML-Konstrukte in allen Facetten erfordert einigen Aufwand. In einer ersten Annäherung kann man sich deshalb auf die grundlegenden Elemente beschränken.

Einige Konzepte sind zudem nur für spezielle oder sehr detaillierte Sachverhalte relevant. Hier richtet sich die Wahl der entsprechenden Elemente nach der Art der Anwendung (Informationssystem, technisches System, Echtzeitanwendung u.Ä.) und nach der angestrebten Beschreibungs- und Detaillierungstiefe.

XP, AM, Scrum, Crystal

Die Notationen zur objektorientierten Modellierung sind dank der UML also weitgehend konvergiert. Andererseits existieren unabhängig von der Notation verschiedene Methoden, beispielsweise der Unified Process ([Jacobson1999]), Geschäftsprozessmodellierung mit BPMN & Co. ([Oestereich-Weiss2007]) und Scrum ([Pichler2007]), die sich teilweise sehr deutlich voneinander absetzen.

Neuerungen in der UML 2.2 und 2.3

Die wichtigste Neuerung in der UML 2.2 war die Einführung des Profildiagramms, das es erlaubt, bei Verwendung von ein oder mehreren Profilen die Abhängigkeiten darzustellen. Nicht nur auf Ebene der Verwendung ganzer Pakete, sondern auch auf der Ebene einzelner Modellelemente des zu verwendenden Profils. Die Version 2.3 beinhaltet größtenteils interne Änderungen und Überarbeitungen.

In dem vorliegenden Buch ist in den Kapiteln Analyse und Design ein Vorgehen beschrieben, das sich am *Object Engineering Process (OEP)* ([OEP2], [Oestereich1999]) orientiert. Der OEP ist eine spezielle praxisbewährte und konkrete Ausprägung des *Unified Process*. Eine andere konkrete Ausprägung des Unified Process ist der *Rational Unified Process (RUP)* [Kruchten1998], der ein maßgeschneidertes Vorgehen für die Werkzeuge der Firma IBM/Rational darstellt (Rose, Requisite Pro etc.). Nähere Informationen zum OEP finden Sie unter http://www.oose.de/oep und zum RUP unter http://www.rational.com/rup.

Was ist die UML?

Historie ⇨9

Die Unified Modeling Language (UML) ist eine Sprache und Notation zur Spezifikation, Konstruktion, Visualisierung und Dokumentation von Modellen für Softwaresysteme. Die UML berücksichtigt die gestiegenen Anforderungen bezüglich der Komplexität heutiger Systeme, deckt ein breites Spektrum von Anwendungsgebieten ab und eignet sich für konkurrierende, verteilte, zeitkritische, sozial eingebettete Systeme u.v.m.

Wer steht hinter der UML?

1.x

Dieses Buch basiert auf der Version 2.3 der UML. Da UML 2.x in einigen Punkten erheblich von früheren Versionen abweicht, werden alle wichtigen Änderungen gegenüber UML 1.x beschrieben. Die UML ist durch die Object Management Group (OMG) standardisiert und wird von ihr weiterentwickelt. Die OMG ist ein Industriekonsortium, zu ihren Mitgliedern gehören beispielsweise: IBM, HP, SUN, Telelogic, Oracle, Icon, DaimlerChrysler, oose und andere.

Die oose GmbH ist das einzige deutsche (und fast einzige europäische) Unternehmen, das aktiv an der UML 2.3 mitgearbeitet hat.

Warum ist die UML keine Methode?

Bei der UML handelt es sich um eine Sprache und Notation zur Modellierung, sie ist jedoch bewusst keine Methode. Die Initiatoren und Autoren der UML verkennen nicht die Bedeutung einer Methode, betrachten sie jedoch als etwas Eigenständiges. Eine Methode muss die spezifischen Rahmenbedingungen des Anwendungsbereiches, des organisatorischen Umfeldes und vieles mehr berücksichtigen. Die UML kann die Basis für verschiedene Methoden sein, denn sie stellt eine definierte Menge von Modellierungskonstrukten mit einheitlicher Notation und Semantik bereit.

Was ist für die Praxis wichtig?

Die offizielle Spezifikation der UML ist ein komplexes, über tausend engbedruckte Seiten umfassendes Werk. Die UML enthält zahlreiche Details, wobei wahrscheinlich mit 20 – 30 % der Elemente über 80% der Praxisanforderungen erfüllt werden. Dieses Buch fokussiert und beschränkt sich auf alle für die Praxis wichtigen Konstrukte.

UML-Ebenen

Für die Zukunft wird die UML in folgende Detaillierungs- bzw. Vollständigkeitsebenen eingeteilt:

- Ebene 0
  Diese Ebene ist formal durch die UML-Infrastruktur definiert. Grundlegende Strukturelemente und objektorientierte Konzepte werden in Ebene 0 bereitgestellt. Dies ist auch der kleinste gemeinsame Nenner für den Austausch von Modellen zwischen verschiedenen Werkzeugen.
- Ebene 1
  Erweitert Ebene 0 um Anwendungsfälle, Interaktionen, Aktionen und Aktivitäten.
- Ebene 2
  Erweiterte Ebene 1 um Einsatz- und Verteilungselemente, Zustandsautomaten und Profile.
- Ebene 3
  Diese Ebene stellt die vollständige UML zur Verfügung.

Formale Gliederung der Spezifikation

Die UML 2.x ist formal in folgende Teilbereiche gegliedert:

- Infrastructure (Kern der Architektur, Profiles, Stereotypen)
- Superstructure (Statische und dynamische Modellelemente)
- OCL (Object Constraint Language)
- Diagram Interchange (UML Diagrammaustauschformat)

UML-Zertifizierung

Neben den inhaltlichen Neuerungen der UML hat die OMG mit der Version 2.x nun auch Qualifikations-Standards in Form eines dreistufiges Zertifizierungsprogramms eingeführt. Dieses Zertifizierungsprogramm soll sicherstellen, dass UML-Anwender, Trainer, Berater, Werkzeughersteller u.a. ein einheitliches UML-Verständnis und eine Mindestqualifikation aufweisen.

Weiterführende Referenzen

- **Aktuelles OO- und UML-Glossar:**
  http://www.oose.de/oep/desc/glo_e9f9.htm?tid=17
- **Aktuelle UML-Notationsübersicht:**
  http://www.oose.de/software-engineering/uml/notationsuebersicht.html
- **UML-Zertifizierung:**
  http://www.uml-zertifizierung.de
  T. Weilkiens, B. Oestereich: *UML-Zertifizierung*, dpunkt.Verlag
- **Weitere Infos zu Tools, Büchern, Neuigkeiten etc:**
  http://www.oose.de/service/uml-werkzeuge.html
  http://www.oose.de/software-engineering/publikationen.html
  http://www.omg.org/uml/
- **UML-Publikationen der UML-Initiatoren:**
  Grady Booch: *UML User Guide*, Addison Wesley
  Jim Rumbaugh: *UML Reference Manual*, Addison Wesley
- **UML-Kurzreferenz als Becher:**
  http://www.oose.de/software-engineering/uml/uml-becher.html
- **UML-Kurzreferenz als Poster:**
  http://www.oose.de/software-engineering/uml/uml-poster.html

1.3 Diagramme im Überblick

Im Folgenden werden alle wichtigen Modellelemente der UML detailliert erläutert. Sie werden nach den Diagrammtypen, in denen sie verwendet werden, gegliedert vorgestellt. Einige Elemente können in verschiedenen Diagrammen enthalten sein; sie werden jeweils im Kontext des Diagramms erörtert, in dem sie primär anzutreffen sind.

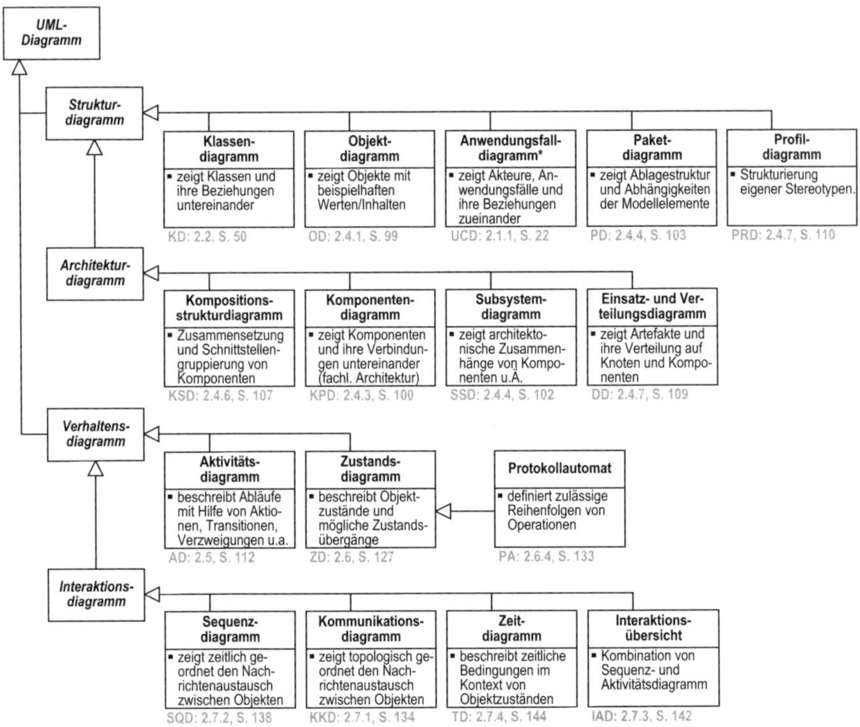

Abb. 1.3-1: UML-Diagramme im Überblick[1]

---

[1] Diese Übersicht enthält neben den eigentlichen UML-Diagrammen auch die gängigen Ausprägungen davon. Während UML-Modelle und das hinter den Diagrammen stehende Repository in der UML klar definiert sind, können Diagramme, d.h. spezielle Sichten auf das Repository relativ frei definiert werden.

* In der UML-Spezifikation wird das Anwendungsfalldiagramm als Verhaltensdiagramm bezeichnet. Anwendungsfalldiagramme sind genau genommen jedoch ein Strukturdiagramm, weil das Anwendungsfalldiagramm selbst keine Abläufe und Verhaltensweise beschreibt, sondern nur die Struktur (Beziehungen) von Anwendungsfälle und Akteuren. Dieser Fehler ist den UML-Gremien bekannt, jedoch wird er aus politischen Gründen derzeit nicht geändert.

2 Notation und Semantik

2.1 Anwendungsfälle und Anforderungen

Einleitung. Beim Thema Anwendungsfälle sind zwei grundsätzliche Beschreibungsvarianten zu unterscheiden:

- Anwendungsfalldiagramme
  Dies sind die bekannten Diagramme mit Ellipsen und Strichfiguren, sie zeigen die strukturellen Zusammenhänge und Abhängigkeiten zwischen Anwendungsfällen und Akteuren.

Übersicht

- Anwendungsfallbeschreibungen
  Dies sind natürlichsprachliche Beschreibungen von Arbeitsabläufen, d.h. hier werden die Interaktionen der Akteure mit einem System näher beschrieben. Häufig werden Anwendungsfallbeschreibungen ergänzt um Ablaufdiagramme (Aktivitätsdiagramme), Dialogbeschreibungen u.Ä.

Details und Abläufe

Im Folgenden finden Sie zunächst die für Anwendungsfalldiagramme wichtigen Erläuterungen und anschließend Erläuterungen für Anwendungsfallbeschreibungen.

Praxis

Die UML kennt Anwendungsfälle nur in sehr allgemeiner Form. Für die Praxis ist es hilfreich, verschiedene Arten von Anwendungsfällen zu unterscheiden. Diese werden in den folgenden Abschnitten separat erläutert.

- Geschäftsanwendungsfälle
  Ein Geschäftsanwendungsfall beschreibt einen geschäftlichen Ablauf ohne Berücksichtigung möglicher systemtechnischer Umsetzungen. Im Rahmen einer Geschäftsprozessmodellierung werden Geschäftsanwendungsfälle noch weiter in Kern-Geschäftsanwendungsfälle (die direkt eine Wertschöpfung erbringen) und unterstützende Geschäftsanwendungsfälle unterschieden.
- Systemanwendungsfälle
  Ein Systemanwendungsfall ist die in diesem Buch vorwiegend relevante Art von Anwendungsfall, er beschreibt die Interaktion mit einem (Hard- oder Software-) System.
- Sekundäre Anwendungsfälle
  So bezeichnen wir Anwendungsfälle, die aufgrund einer funktionalen Zerlegung, eigentlich Teil eines gewöhnlichen (primären) Anwendungsfalles sind und nur zur redundanzfreien Beschreibung aus ihren primären Anwendungsfällen herausgelöst werden. Sekundäre Anwendungsfälle können sekundäre Geschäftsanwendungsfälle oder sekundäre Systemanwendungsfälle sein.

2.1.1 Anwendungsfalldiagramm

Verwandte Begriffe: engl. *Use case diagram, use case model, Nutzungsfalldiagramm.*

Definition

Ein Anwendungsfalldiagramm zeigt Akteure, Anwendungsfälle und die Beziehungen zwischen diesen Elementen.

Beschreibung

Geschäftsprozesse, Geschäftsvorfälle

Ein Anwendungsfalldiagramm beschreibt die Zusammenhänge zwischen einer Menge von Anwendungsfällen und den daran beteiligten Akteuren. Es bildet somit den Kontext und eine Gliederung für die Beschreibung, wie mit einem Geschäftsvorfall umgegangen wird.

Keine Ablaufdiagramme

Zu beachten ist, dass Anwendungsfalldiagramme selbst kein Verhalten und keine Abläufe beschreiben, sondern nur die Zusammenhänge der an Anwendungsfällen beteiligten Modellelemente zeigen und ein Hilfsmittel zur Anforderungsermittlung und –verwaltung sind.

Anwendungsfälle sind vor allem dazu da, die Kommunikation mit den zukünftigen Anwendern, dem Auftraggeber, der Fachabteilung o.Ä. zu unterstützen. Anwendungsfälle beschreiben das externe Systemverhalten und die Interaktion der Außenstehenden mit dem System. Sie sind eine Beschreibung *was* das System leisten soll. *Wie* dieses Verhalten entsteht, d.h. welches Systemdesign und welche Realisierung zu diesem äußeren Systemverhalten beiträgt, darüber treffen die Anwendungsfälle gewöhnlich keine Aussage.

Beispiel

Das Anwendungsfalldiagramm in Abb. 2.1-1 zeigt die Teile des Geschäftsprozesses *Zeitschriftenumlauf* in einem Unternehmen, die durch Software unterstützt werden sollen. Jede neu eintreffende Zeitschrift wird zunächst von der Bibliothek registriert. Anschließend wird sie von einem Mitarbeiter inhaltlich ausgewertet. Die vom Auswerter für interessant befundenen Beiträge werden in Kurzform erfasst. Anschließend kreist die Zeitschrift zum Lesen in der Mitarbeiterschaft, was im hier abgebildeten Anwendungsfalldiagramm nicht berücksichtigt ist, da dies nicht durch das zu entwickelnde System zu unterstützen ist. Für den Zeitschriftenumlauf ist jedoch ein Umlaufzettel zu erstellen. Der Umlaufzettel wird an die Zeitschrift geheftet und enthält die Namen der Mitarbeiter, die diese Zeitschrift lesen. Die Erstellung des Umlaufzettels soll vom System unterstützt werden. Sobald der letzte Leser die Zeitschrift an die Bibliothek zurückgegeben hat, wird sie durch die Bibliothek archiviert.

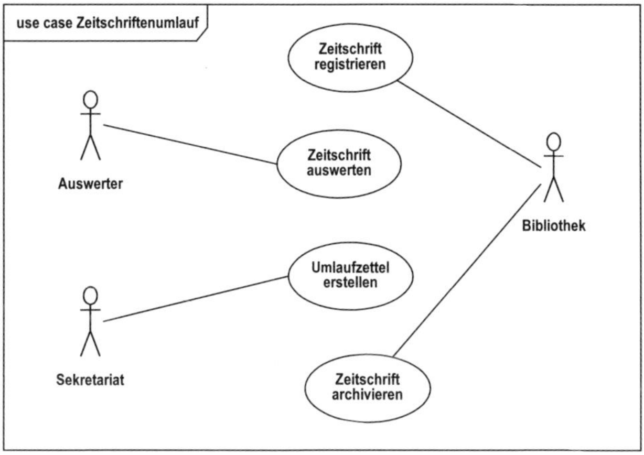

Abb. 2.1-1: Anwendungsfälle des Systems zur Unterstützung des *Zeitschriftenumlaufes*

Die vier Anwendungsfälle in Abb. 2.1-1 von oben nach unten gelesen suggerieren zwar eine Reihenfolge, diese ist aber seitens der UML nicht gegeben und nicht vorgesehen. Sollten Sie es dennoch versuchen, werden Sie sich höchstwahrscheinlich die Nase klemmen. Das Diagramm beschreibt nur, welche Anwendungsfälle es gibt und wer daran beteiligt ist. Wie Abläufe und Reihenfolgen dargestellt werden, sehen Sie im Abschnitt über Aktivitätsdiagramme.

Aktivitätsdiagramme ⇨112

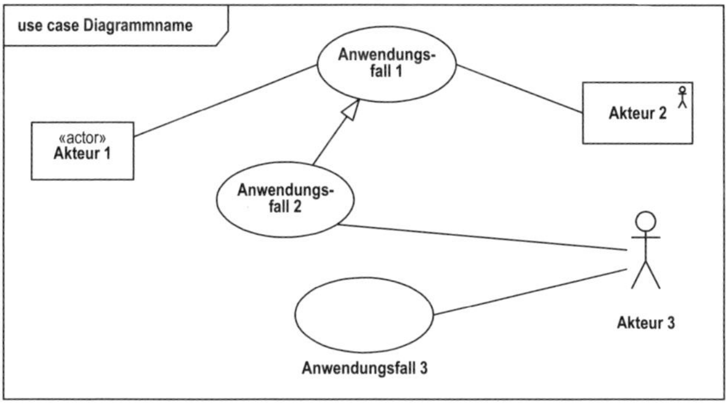

Abb. 2.1-2: Notationselemente des Anwendungsfalldiagramms

Notation

Ein Anwendungsfalldiagramm enthält eine Menge von Anwendungsfällen, die durch einzelne Ellipsen dargestellt werden, und eine Menge von Akteuren, die daran beteiligt sind (Akteure). Die Anwendungsfälle sind durch Linien mit den beteiligten Akteuren verbunden. Ein Rahmen um die Anwendungsfälle symbolisiert die Systemgrenzen.

Die Bezeichnungen der Anwendungsfälle können dabei wahlweise innerhalb der Ellipse oder darunter stehen. Letztere Variante ermöglicht es, unabhängig von der Länge der Bezeichnung stets gleichgroße Ellipsen zu zeichnen, was deshalb von einigen Werkzeugen bevorzugt wird.

2.1.2 Systemkontextdiagramm

Verwandte Begriffe: *Anwendungsfalldiagramm, Kontextdiagramm, top-level use case diagram.*

Definition

Vgl. Anwendungsfalldiagramm ⇨22

Ein Systemkontextdiagramm ist ein Anwendungsfalldiagramm, das alle Akteure dieses Systems zeigt. Es ist kein offizielles eigenständiges UML-Diagramm, sondern eine spezielle Form des Anwendungsfalldiagrammes.

Es stellt die menschlichen und technischen Akteure, also die Nutzer und die beteiligten Fremdsysteme dar, mit denen das System kommuniziert. Die Darstellung dient der Abgrenzung des Systems und zeigt auf, welche Funktionalitäten ggf. durch Fremdsysteme realisiert werden und folglich nur Schnittstellenaufrufe erfolgen müssen.

Notation

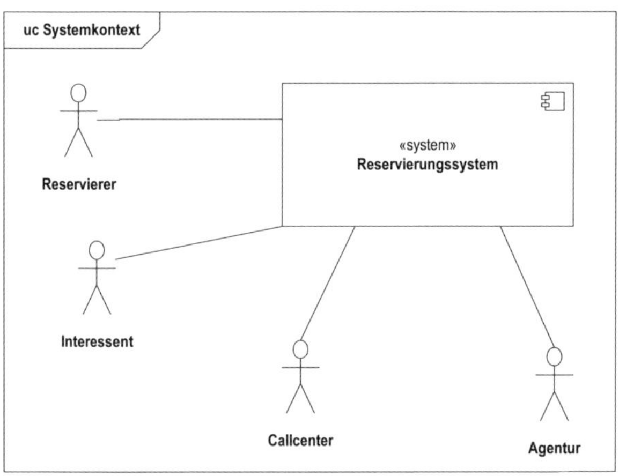

Abb. 2.1-3: Notation Systemkontextdiagramm

2.1.3 Realisierung von Anwendungsfällen

Verwandte Begriffe: *realize, Realisierungsbeziehung.*

Definition

Eine *Realisierung* ist eine Beziehung zwischen einem Element, das eine Anforderung beschreibt und einem Element, das diese Anforderungen umsetzt.

Notation

Die Realisierungsbeziehung wird als Abhängigkeitsbeziehung, d.h. mit einer gestrichelten Linie und einem offenen Pfeil dargestellt, wobei der Pfeil auf das zu realisierende Element zeigt. In früheren UML-Versionen wurde zusätzlich das Schlüsselwort «realize» verwendet.

Abhängigkeitsbeziehung ⇨95

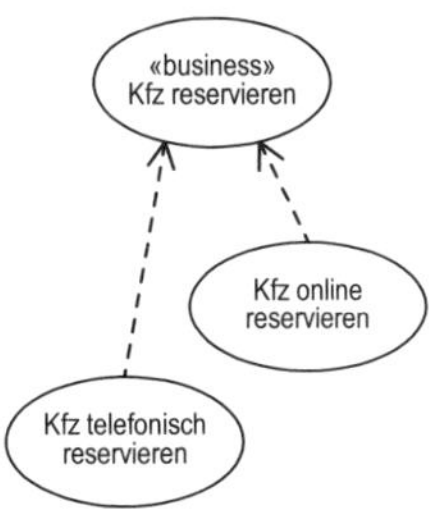

Abb. 2.1-4: Realisierungsbeziehung für Anwendungsfälle

Beschreibung

Siehe Abschnitt 2.3.9 *Abhängigkeitsbeziehung* (⇨95).

2.1.4 Spezialisierung von Anwendungsfällen

Verwandte Begriffe: *Generalisierung, Spezialisierung, Vererbung, inheritance, realize.*

Definition

Spezialisierung und *Generalisierung* sind Abstraktionsprinzipien zur hierarchischen Strukturierung der Semantik eines Modells.

Eine Spezialisierung (bzw. Generalisierung) ist eine taxonomische[2] Beziehung zwischen einem allgemeinen und einem speziellen Element (bzw. umgekehrt), wobei das speziellere Element weitere Eigenschaften hinzufügt und sich kompatibel zum allgemeinen Element verhält.

Taxonomie

[2] Griech., *taxis*: „Anordnung"; Taxonomie: „Einordnung in ein System".

Notation

Die Spezialisierungsbeziehung wird mit einem großen, nicht ausgefüllten Pfeil dargestellt, wobei der Pfeil von dem speziellen Element zum allgemeinen Element zeigt.

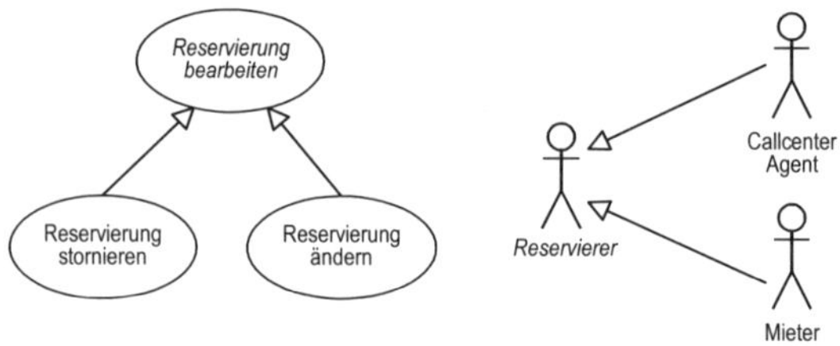

Abb. 2.1-5: Spezialisierung von Anwendungsfällen und Akteuren

Beschreibung

Die Spezialisierungsbeziehung kann auf Anwendungsfälle und Akteure angewendet werden. Dabei werden Eigenschaften hierarchisch gegliedert, d.h. Abläufe und Anforderungen allgemeinerer Bedeutung werden allgemeineren Anwendungsfällen oder Akteuren zugeordnet (Oberelement bzw. Superelement, Superakteur) und speziellere Aspekte werden Anwendungsfällen oder Akteuren zugeordnet, die den allgemeineren untergeordnet sind (Unterelement, Subelement).

Vererbung

Die Eigenschaften des allgemeineren Elementes werden an die entsprechenden spezielleren weitergegeben, d.h. vererbt. Ein spezialisierter Anwendungsfall verfügt demnach über alle spezifizierten Anforderungen und Eigenschaften seines Ober-Anwendungsfalles. Die Subelemente erben alle Eigenschaften ihrer Oberelemente, können diese überschreiben und erweitern, jedoch nicht elimieren bzw. unterdrücken.

Für Anwendungsfälle bedeutet dies beispielsweise, dass ein Schritt in einem Ober-Anwendungsfall auf jeden Fall auch in einem Unter-Anwendungsfall enthalten ist. Umgekehrt können im Unter-Anwendungsfall zusätzliche Schritte und Anforderungen enthalten sein. Ist einem Anwendungsfall ein Akteur zugeordnet, so wird diese Akteur-Beziehung automatisch auch an alle spezialisierten Anwendungsfälle vererbt, wie dies in der Abb. 2.1-5 am Beispiel des Reservierers zu sehen ist. In dem Unter-Anwendungsfall können Akteure aber spezieller ausgeprägt sein.

2.1.5 Enthältbeziehung, Erweiterungsbeziehung

Verwandte Begriffe: *Include-Beziehung, Extend-Beziehung.*

Definition

Mit einer Enthältbeziehung wird ein Anwendungsfall in einen anderen Anwendungsfall eingebunden und logischer Teil von diesem.

Mit einer Erweiterungsbeziehung hingegen lässt sich ausdrücken, dass ein Anwendungsfall unter bestimmten Umständen und an einer bestimmten Stelle (dem sog. Erweiterungspunkt, engl. *Extension point*) durch einen anderen erweitert wird.

Beschreibung

Teile von Anwendungsfällen, die in mehreren Anwendungsfällen in identischer Weise vorkommen, können in einen eigenen Anwendungsfall ausgelagert werden und per Enthältbeziehung wieder eingebunden werden, um so eine redundante Beschreibung der identischen Teile zu vermeiden. Durch die Enthältbeziehung werden anders als bei der Spezialisierungsbeziehung keine Eigenschaften weitervererbt.

Die Erweiterung ist immer von einer Bedingung abhängig, die als Zusicherung neben der Erweiterungsbeziehung als Notiz zu notieren ist. Notiz ⇨74

Notation

Die Enthält-Beziehung wird dargestellt durch einen gestrichelten Pfeil mit offener Pfeilspitze, der in Richtung auf den enthaltenen Anwendungsfall zeigt.

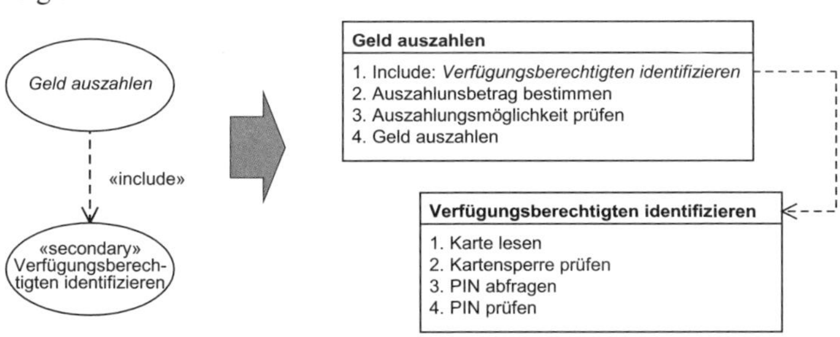

Abb. 2.1-6: Die Enthält-Beziehung im Anwendungsfalldiagramm und ihre Bedeutung in der Anwendungsfallbeschreibung

Während bei der Enthältbeziehung der Pfeil vom Basisanwendungsfall auf den einzubindenden Anwendungsfall zeigt, ist es bei der Erweiterungsbeziehung umgekehrt, hier zeigt der Pfeil auf den zu erweiternden Basisanwendungsfall. Vgl. sekundärer Anwendungsfall ⇨38

Praxis

Die Enthältbeziehung sollte nur dann verwendet werden, wenn der eingebundene Teil in mindestens zwei Anwendungsfällen vorkommt, sonst könnte jeder beliebige Schritt ausgelagert werden, wodurch nichts gewonnen wäre.

Die Enthältbeziehung wird gewöhnlich sekundäre Anwendungsfälle einbinden, also solche, die einen unvollständigen Ablaufteil enthalten. Theoretisch ist es jedoch auch möglich, andere primäre Anwendungsfälle einzubinden. Über Enthältbeziehungen eingebundene sekundäre Anwendungsfälle können ihrerseits auch wieder weitere Anwendungsfälle einbinden.

Vermeide die Erweiterungsbeziehung!

1.x

Die Erweiterungsbeziehung hatte bis UML 1.1 eine andere Bedeutung und etwas andere Notation und ist bis heute ein sehr fragliches Modellelement. Die im Vergleich zur Enthältbeziehung entgegengesetzte Pfeilrichtung ist durch die semantische Nähe zur Spezialisierungsbeziehung zwar argumentierbar, in der Praxis jedoch eine beliebte Fehlerursache. Ebenfalls sind die Kriterien, wann die Erweiterungsbeziehung verwendet werden sollte, nicht eindeutig festzulegen. Aus diesen Gründen ist es empfehlenswert, die Erweiterungsbeziehung grundsätzlich nicht zu verwenden! Die Enthältbeziehung ist ausreichend, denn der konkrete Einbindungspunkt und eine eventuelle Bedingung ergeben sich sowieso erst aus der Anwendungsfallbeschreibung bzw. dem dazugehörigen Aktivitätsdiagramm. Es besteht also kein echter Bedarf für die Erweiterungsbeziehung.

Plugin-Architekturen, AOP

Mögliche Ausnahmen, für die die Erweiterungsbeziehung hilfreich sein kann, sind die Darstellung von Erweiterungspunkten in Plugin-Architekturen und aspektorientierte Konzepte.

2.1.6 Assoziation in Anwendungsfalldiagrammen

Verwandte Begriffe: *Include-Beziehung, Assoziation in Klassendiagrammen.*

Definition

Eine *Assoziation* beschreibt die Relation zwischen einem Akteur und einem Anwendungsfall in einem Anwendungsfallmodell.

Notation

Beziehungen werden durch eine Linie zwischen den beteiligten Elementen dargestellt. An den jeweiligen Enden kann die Multiplizität (Mengenwertigkeit) der Beziehung angegeben werden.

Initiativrichtung?

Möglichst keine gerichtete Assoziation benutzen

Manche UML-Benutzer verwenden eine *gerichtete Assoziation*, um damit die Initiativrichtung zu beschreiben, d.h. wer die Interaktion beginnt. Formal lässt die UML dies jedoch offen. Der Einfachheit halber sollten keine gerichteten Assoziationen verwendet werden.

Abb. 2.1-7: Assoziation zwischen Akteur und Anwendungsfall

2.1.7 Anwendungsfall

Verwandte Begriffe: engl. *Use case, Nutzungsfall, Systemanwendungsfall, Geschäftsanwendungsfall.*

Der Begriff *Use Case* wird unübersetzt auch im deutschen Sprachraum häufig verwendet.

Definition

Ein Anwendungsfall beschreibt anhand eines zusammenhängenden Arbeitsablaufs die Interaktionen mit einem (geschäftlichen oder technischen) System. Ein Anwendungsfall wird stets durch einen Akteur initiiert und führt gewöhnlich zu einem für die Akteure wahrnehmbaren Ergebnis.

Beschreibung

Geschäftsprozesse, Geschäftsvorfälle

Ein Anwendungsfall ist die Beschreibung einer typischen Interaktion zwischen dem Anwender und dem System, d.h. er stellt das extern wahrnehmbare Verhalten in einer begrenzten Arbeitssituation dar. Er beschreibt Anforderungen an das System, d.h. *was* es leisten muss, aber nicht *wie* es dies leisten soll. Ein Anwendungsfall kann verschiedene Ablaufvarianten umfassen. Eine einzelne spezielle Ausprägung eines Anwendungsfalles wird *Szenario* genannt. Ein Anwendungsfall beschreibt eine Menge möglicher Szenarien. Der Kontext eines Anwendungsfalls ist normalerweise begrenzt durch das, was ein Akteur in einem Arbeitsgang mit einem System macht.

Szenarien

Notation

Ein Anwendungsfall wird grafisch dargestellt durch eine Ellipse, in (oder unter) der der Name des Anwendungsfalles steht. Anwendungsfälle sind durch Linien mit den an ihnen beteiligten Akteuren verbunden. Anwendungsfälle können untereinander Beziehungen haben (Spezialisierungs-, Enthält- und Erweitert-Beziehung).

Namensbildung

Der Name eines Anwendungsfalles sollte möglichst ein aktives Verb enthalten, das die Tätigkeit bzw. den Ablauf beschreibt und ein Substantiv, das den Gegenstand beschreibt, der bearbeitet wird. Beispiele: *Kfz reservieren, Reklamation aufnehmen, Ware anliefern* etc.

Formulierungsrichtung

Der Anwendungsfallname sollte aus der Perspektive des betrachteten Systems formuliert werden. Wenn beispielsweise ein Kunde bei einem Autohändler ein Auto kauft, wird der Anwendungsfall nicht *Kfz kaufen* (Perspektive des Akteurs) genannt, sondern *Kfz verkaufen* (Perspektive des betrachteten Systems) genannt. Nimmt der Autohändler einen Gebrauchtwagen des Kunden entgegen, wäre die Formulierung *Kfz kaufen* in Ordnung.

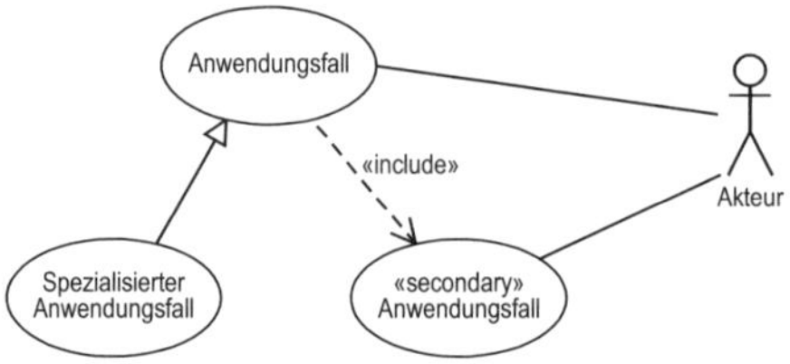

Abb. 2.1-8: Notation von Anwendungsfällen

Kern eines Anwendungsfalles ist aber nicht seine grafische Darstellung, sondern die Beschreibung eines Arbeitsablaufes. Dieser kann in natürlicher Sprache formuliert sein oder in formaler Form als Aktivitätsdiagramm.

Struktur

Die natürlichsprachliche Beschreibung ist nicht zwingend an eine bestimmte Form gebunden, jedoch hat sich die in Abb. 2.1-9 verwendete Struktur bewährt. Diese Struktur ist kein Bestandteil der UML; die Form mit Auslöser, Ergebnis, Vor- und Nachbedingung sowie essenzielle Schritte ist Konvention des Autors.

Beschreibung Anwendungsfall				
Name				
Kurzbeschreibung				
Akteure				
Auslöser				
Ergebnis(se)				
Eingehende Daten				
Vorbedingungen				
Nachbedingungen				
Essenzielle Schritte	▪ … ▪ … ▪ usw.			
Offene Punkte				
Änderungshistorie	wann	wer	neuer Status	Was
Sonstiges, Anmerkungen				

Abb. 2.1-9: Typische Struktur einer natürlichsprachlichen Anwendungsfallbeschreibung

Praxis

Vor- und Nachteile natürlichsprachlicher Beschreibungen

Viele geschäftliche und technische Abläufe und Sachverhalte lassen sich sehr gut mit speziellen Diagrammtechniken beschreiben, wie sie auch in diesem Buch zu finden sind, z.B. Aktivitätsdiagramme oder Klassendiagramme. Problematisch hierbei ist jedoch, dass diese Diagramme nur von Spezialisten erstellt und gelesen werden können und Anwender, Fachabteilungsmitarbeiter, Geschäftsmitarbeiter und Geschäftspartner diese nicht oder nur unzureichend verstehen.

Dieser Personenkreis muss die dargestellten Sachverhalte aber verstehen und sogar kritisch beurteilen können, da nur sie letztendlich befähigt oder autorisiert sind, die Richtigkeit festzustellen. Die Grundidee bei Anwendungsfällen ist es daher, Abläufe möglichst in der Sprache der Anwender und Fachabteilungen zu beschreiben, also in Deutsch oder Englisch, und nicht in der speziellen Form oder Sprache der Informatiker oder Betriebsorganisatoren.

Andererseits finden natürlichsprachliche Beschreibungen schnell ihre Grenzen. Natürliche Sprache ist deutlich unschärfer, kann vieldeutig interpretiert werden und komplexe Abläufe lassen sich grafisch viel übersichtlicher darstellen. Seitenlange Textdokumente verstauben eher in Regalen oder auf Festplatten, als dass sie noch sinnvoll genutzt werden. Daher sind natürlichsprachliche Anwendungsfallbeschreibungen kein vollständiger Ersatz für grafische Darstellungen, sondern lediglich eine wichtige Ergänzung.

Bei natürlichsprachlichen Dokumenten besteht auch stets das Problem, dass verschiedene Personen dieselben Sachverhalte sehr unterschiedlich beschreiben. Die Ergebnisse unterscheiden sich dann hinsichtlich des Abstraktionsgrades, der Detailtiefe, des Blickwinkels (von innen, von außen), des Sprachstils, der Verbindlichkeit und Vollständigkeit. Daher ist es sehr wichtig, dass alle Autor(inn)en von Anwendungsfallbeschreibungen sich um Einheitlichkeit bemühen. Hierbei helfen die oben dargestellte Standard-Beschreibungsstruktur sowie folgende Regeln:

Basics

- An jedem Anwendungsfall ist mindestens ein Akteur beteiligt.
- Jeder Anwendungsfall hat einen fachlichen Auslöser und ein fachlich relevantes und wertvolles Ergebnis.
- Die Beschreibung wird stets aus Sicht des zu entwickelnden Systems formuliert, inhaltlich wird jedoch das Verhalten beschrieben, das für den (außenstehenden) Akteur wahrnehmbar ist.
- Die Beschreibung sollte so kurz und abstrakt wie möglich sein und so ausführlich und konkret, wie zum eindeutigen Verständnis nötig ist.

Sekundäre Anwendungsfälle ⇨38

Für sekundäre Anwendungsfälle gelten diese Regeln nur teilweise. Über die in Abb. 2.1-9 ausgeführten Beschreibungselemente hinaus sind im Einzelfall noch weitere sinnvoll oder üblich. Im Folgenden werden einige spezielle Beschreibungselemente näher erläutert:

- Akteure
  Am Anwendungsfall beteiligte Akteure (Rollen). Dies entspricht den in Anwendungsfalldiagrammen notierten Beziehungen zwischen einem Anwendungsfall und den Akteuren.
- Auslöser, Vorbedingungen
  Ein Auslöser ist ein (äußeres) Ereignis, das den Anwendungsfall auslöst. Eine Vorbedingung beschreibt den anwendungsfallspezifischen vorausgesetzten (inneren) Zustand des Systems, bevor der Anwendungsfall eintritt. Der Auslöser sollte in jedem Fall beschrieben werden; die Vorbedingungen nur bei Bedarf, da sie den inneren Systemzustand betreffen, und wahrscheinlich eher für die Softwareentwickler, als für die Fachabteilung von Interesse sind.
- Eingehende Daten
  Welche Daten (Objekte, Informationen) werden im Rahmen des Anwendungsfalles vom System entgegengenommen? Dies sind beispielsweise alle Benutzereingaben. Daten bzw. Objekte, die vom Auslöser mitgebracht werden, müssen nicht explizit genannt werden.
- Ergebnisse, Nachbedingungen
  Ein Ergebnis ist etwas, das bis zum Ende des Anwendungsfalles einem oder mehreren Akteuren zugekommen bzw. geliefert worden ist. Eine Nachbedingung beschreibt den erreichten (inneren) Zustand des Systems, nachdem der Anwendungsfall erfolgreich durchlaufen wurde. Die Ergebnisse sollten stets beschrieben werden, die Nachbedingungen ähnlich wie die Vorbedingungen nur bedarfsweise.
- Ausgehende Daten
  Welche Daten (Objekte, Informationen) werden im Rahmen des Anwendungsfalles vom System ausgegeben? Daten bzw. Objekte die Teil des Ergebnisses sind, werden hier nicht genannt. Unter Ergebnissen bzw. Nachbedingungen werden solche Daten verstanden, die nach Ablauf des Anwendungsfalles noch vorhanden sind (z.B. Druckerzeugnisse, veränderte Objekte), unter ausgehende Daten solche, die nur während des Anwendungsfalles verfügbar sind (beispielsweise Bildschirmanzeigen).
- Invarianten
  Bedingungen, die im Rahmen des Anwendungsfalles stets erfüllt sein müssen.
- Nicht-funktionale Anforderungen
  Zusicherungen, die für Design und Realisierung wichtig sind, Plattform- und Umgebungsvoraussetzungen, qualitative Aussagen, Antwortzeitanforderungen, Häufigkeitsschätzungen, Prioritäten etc. Sofern es sich um Anforderungen handelt, die nicht nur für diesen Anwendungsfall gelten, sollten die entsprechenden Anforderungen separat beschrieben und hier nur referenziert werden.

Vgl. Anforderungen ⇨41

- Essenzielle Schritte
  Beschreibung der einzelnen Ablaufschritte des Anwendungsfalles, ggf. gegliedert in Einzelpunkte. Dies ist der eigentliche Kern eines Anwendungsfalles.
- Ausnahmen, Fehlersituationen
  Beschreibung der Ausnahme- und Fehlersituationen, die im Rahmen des Anwendungsfalles auftreten können. Damit sind keine technischen Fehler gemeint, sondern fachliche Fehler oder Anwenderfehler. Beispielsweise, wenn dem Anwender die Berechtigung fehlt, Eingabefelder nicht plausibel gefüllt werden können u.Ä.

  Möglichst keine langen Texte

  Wir empfehlen, Ausnahmen möglichst nicht in natürlicher Sprache zu beschreiben, da in diesem Fall sehr umfangreiche Anwendungsfalldokumente entstehen, die mit großer Wahrscheinlichkeit unübersichtlich sind, schwer zu pflegen (aktuell zu halten) sind und hinterher kaum noch gelesen werden. Stattdessen sollten alle Ausnahmen, Varianten etc. grafisch mit Hilfe von Aktivitätsdiagrammen beschrieben werden.

  In diesem Fall sollte auch in der übrigen Anwendungsfallbeschreibung (Ergebnisse, ein-/ausgehende Daten etc.) nur der Standardfall berücksichtigt werden.
- Regeln, Anforderungen
  Geschäftsregeln, fachliche Abhängigkeiten, Gültigkeits- und Validierungsregeln usw., die im Rahmen des Ablaufes von Bedeutung sind. Da solche Regeln häufig übergreifend, d.h. für mehr als einen einzelnen Anwendungsfall gelten, empfiehlt es sich, in einem Anwendungsfall nicht direkt die Regeln zu beschreiben, sondern sie separat als eigenständige Anforderungen zu formulieren, die vom Anwendungsfall dann referenziert werden.
- Services
  Liste von Operationen und ggf. Objekten, die im Rahmen des Ablaufes benötigt werden (dient zur Überleitung ins Klassendesign).
- Ansprechpartner, weitere Stakeholder, Sitzungen
  Liste der Personen, mit denen der Anwendungsfall erarbeitet bzw. durchgesprochen wurde und Zeitpunkt der Sitzungen. Ggf. mit welchen Personen noch zu sprechen ist, welche Rollen/Funktionen die Beteiligten einnehmen usw.
- Änderungshistorie
  Auflistung der verschiedenen Versionen der Anwendungsfallbeschreibung, jeweils mit Datum, Autor und Inhalt/Gegenstand der vorgenommenen Änderungen.
- Offene Punkte
  Eine Vielzahl von Details zu einem Anwendungsfall lassen sich nicht sofort klären. Um diese Fragen jedoch nicht aus dem Auge zu verlieren und systematisch zu verfolgen, sollte zu jedem Anwendungsfall eine Offene-

Punkte-Liste geführt werden. Für allgemeine und anwendungsfallübergreifende Fragen sollte zusätzlich eine zentrale Liste geführt werden.

- Anmerkungen
  Hier ist beispielsweise Platz zur Dokumentation von Entscheidungen, Diskussionsergebnissen und Hintergrundinformationen im Zusammenhang mit dem Anwendungsfall.
- Dokumente, Referenzen, Dialogbeispiele oder –muster
  Beispieldialoge, Bildschirmkopien, Dialogprototypen, Druck- und Formularbeispiele, Anleitungen, Handbücher und alle anderen Materialien, die den Anwendungsfall veranschaulichen und die in den Gesprächen mit den AnwenderInnen etc. verwendet werden oder zum Kontext gehören.
- Diagramme
  Sequenz- und Kommunikationsdiagramme, die das aus dem Anwendungsfall resultierende oder das hierfür notwendige interne Systemverhalten darstellen. Klassendiagramme, die sich aus dem Anwendungsfall ergebende oder damit korrespondierende statische Modellstruktur zeigen. Aktivitäts- und Zustandsdiagramme, die die Abläufe, die systeminternen Abhängigkeiten und Zustandsänderungen im Zusammenhang mit diesem Anwendungsfall darstellen.

<table>
<tr><th colspan="5">Beschreibung Anwendungsfall</th></tr>
<tr><td>Name</td><td colspan="4">Geld am Automaten auszahlen</td></tr>
<tr><td>Kurzbeschreibung</td><td colspan="4">Einem Verfügungsberechtigten wird durch einen Geldautomaten ein vom Verfügungsberechtigten geforderter Geldbetrag ausgezahlt und vom zugehörigen Konto abgebucht.</td></tr>
<tr><td>Akteure</td><td colspan="4">Verfügungsberechtigter, Kontoführungssystem</td></tr>
<tr><td>Auslöser</td><td colspan="4">Der Verfügungsberechtigte steckt eine Karte in den Geldautomaten.</td></tr>
<tr><td>Ergebnisse</td><td colspan="4">Der Verfügungsberechtigte hat einen Geldbetrag erhalten, der vom Konto abgebucht wurde. Der Verfügungsberechtigte hat seine Karte zurückerhalten.</td></tr>
<tr><td>Vorbedingung</td><td colspan="4">Der Geldautomat ist bereit, eine Karte aufzunehmen.</td></tr>
<tr><td>Nachbedingung</td><td colspan="4">Der Geldautomat ist bereit, eine Karte aufzunehmen.</td></tr>
<tr><td>Eingehende Daten</td><td colspan="4">PIN, Auszahlungsbetrag</td></tr>
<tr><td>Essenzieller Ablauf</td><td colspan="4">▪ Verfügungsberechtigten identifizieren
▪ Angeforderten Geldbetrag bestimmen
▪ Auszahlungsmöglichkeit prüfen
▪ Auszahlung auf Konto buchen
▪ Geldbetrag übertragen</td></tr>
<tr><td>Offene Punkte</td><td colspan="4"></td></tr>
<tr><td>Änderungshistorie</td><td>wann</td><td>wer</td><td>neuer Status</td><td>was</td></tr>
<tr><td>Sonstiges, Anmerkungen</td><td colspan="4"></td></tr>
</table>

Abb. 2.1-10: Beispiel einer natürlichsprachlichen Anwendungsfallbeschreibung

Beispiel

Die Anwendungsfallbeschreibung in Abb. 2.1-10 zeigt ein Beispiel für die Auszahlung von Geld an Geldautomaten.

Checkliste für Anwendungsfälle

☑ Ist mindestens ein Akteur beteiligt?

☑ Enthält die Anwendungsfallbezeichnung mindestens ein Substantiv und ein aktives Verb?

☑ Sind Auslöser und Ergebnis des Anwendungsfalles benannt?

☑ Ist der Name des Anwendungsfalles aus der Perspektive des zu entwickelnden Systems formuliert? Ist der Name beispielsweise einsetzbar in die Phrase „Das System möchte <Anwendungsfallname>“?

☑ Ist der essenzielle Ablauf des Anwendungsfalles abstrakt, verallgemeinert, vereinfacht, implementierungsunabhängig und technologieneutral beschrieben? Konzentriert er sich auf die eigentliche fachliche Intention?

2.1.8 Geschäftsanwendungsfall

Verwandte Begriffe: engl. *Business use case, Geschäftsfall.*

Dieses Konzept ist kein UML-Bestandteil, sondern eine Erweiterung aus [Oestereich2003a].

Definition

Ein Geschäftsanwendungsfall beschreibt einen geschäftlichen Ablauf, wird von einem geschäftlichen Ereignis ausgelöst und endet mit einem Ergebnis, das für den Unternehmenszweck und die Gewinnerzielungsabsicht direkt oder indirekt einen geschäftlichen Wert darstellt.

Beschreibung

Bei einem Geschäftsanwendungsfall wird die Frage nach der möglichen systemtechnischen Umsetzung noch nicht gestellt, sondern völlig unabhängig davon ganz allgemein aus geschäftlicher Sicht beschrieben. Zeitliche Unterbrechungen im Ablauf sind im Gegensatz zum Systemanwendungsfall zulässig.

Praxis

Wie wichtig sind Geschäftsanwendungsfälle?

Im Rahmen eines reinen Softwareentwicklungsprojektes sind Geschäftsanwendungsfälle nicht notwendig. Vielmehr werden sie in Geschäftsprozessmodellierungsprojekten verwendet, die Softwareprojekten vorausgehen können. Wenn bestehende Geschäftsprozesse in einem Unternehmen geschäftlich unverändert, technisch jedoch besser und mit neuer Software unterstützt werden sollen, sind Geschäftsanwendungsfälle eher nebensächlich. Häufig sollen im Rahmen von Softwareentwicklungsprojekten jedoch auch geschäftliche Optimierungen stattfinden (Automatisierung, Reorganisation, Out- und Insourcing, Unternehmensfusionen), dann sind Geschäftsanwendungsfälle wichtig.

Wertschöpfend oder unterstützend?

Im Rahmen einer Geschäftsprozessmodellierung werden häufig **Kern-Geschäftsanwendungsfälle** (wertschöpfende Geschäftsanwendungsfälle) und **unterstützende Geschäftsanwendungsfälle** unterschieden.

Notation

Geschäftsanwendungsfälle (sowie unterstützende Geschäftsanwendungsfälle) werden wie Anwendungsfälle dargestellt, jedoch mit einem Schrägstrich rechts unten an der Seite. Kern-Geschäftsanwendungsfälle werden mit zwei Schrägstrichen gekennzeichnet.

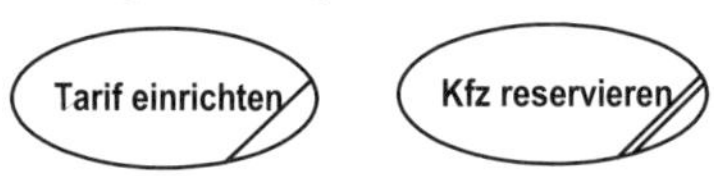

Abb. 2.1-11: Notation von Geschäftsanwendungsfällen (rechts: Kern-Geschäftsanwendungsfall)

Checkliste für Geschäftsanwendungsfälle

☑ Siehe alle Fragen aus Checkliste für Anwendungsfälle (⇨35).

☑ Ist der geschäftliche Auslöser benannt? Ist das Ergebnis benannt und von geschäftlichem Wert für einen aktiven Geschäftspartner?

☑ Trägt der Geschäftsanwendungsfall *direkt* oder *indirekt* zum Unternehmenszweck und einer Gewinnerzielungsabsicht bei?

☑ Beschreibt der Name des Geschäftsanwendungsfalles eine Tätigkeit des im Modellierungsfokus liegenden Unternehmens? Welches Verb im Namen des Geschäftsanwendungsfalles beschreibt diese Tätigkeit?

☑ Sind die im Geschäftsanwendungsfall vorkommenden Geschäftsobjekte im Singular beschrieben bzw. entspricht die Anzahl der im Namen des Geschäftsanwendungsfalles genannten Geschäftsobjekte genau der Anzahl, die ein Akteur in diesem Geschäftsanwendungsfall zu einem Zeitpunkt betrachtet?

2.1.9 Systemanwendungsfall

Verwandte Begriffe: engl. *System use case*

Definition

Ein Systemanwendungsfall ist ein Anwendungsfall, der speziell das für außen stehende Akteure (Benutzer oder Nachbarsysteme) wahrnehmbare Verhalten eines (Hard-/Software-) Systems beschreibt.

Beschreibung

Aus UML- und Softwareentwicklungssicht ist der Systemanwendungsfall die normale Form eines Anwendungsfalles. In Abgrenzung zu den verschiedenen Arten von Geschäftsanwendungsfällen beschreibt ein Systemanwendungsfall konkret das Verhalten bzw. den Arbeitsablauf, wie er durch ein System (z.B. Software) unterstützt wird. Dabei wird das äußerlich wahrnehmbare Verhalten beschrieben, also was das System macht, aber nicht wie es dies tut.

Ein Systemanwendungsfall soll einen zeitlich zusammenhängenden Ablauf beschreiben und eine fachliche Transaktionseinheit darstellen. Die in einem Systemanwendungsfall beschriebenen Schritte werden entweder ganz oder gar nicht durchgeführt, so dass nach einem Ablauf in jedem Fall ein definierter und zulässiger Systemzustand erreicht wird. Fachlich relevante zeitliche Unterbrechungen sind hierbei nicht vorgesehen.

Notation

Siehe Abb. 2.1-8 (⇨30).

Checkliste für Systemanwendungsfälle

- ☑ Siehe alle Fragen aus Checkliste für Anwendungsfälle (⇨35).
- ☑ Welche Systembenutzer oder welche Nachbarsysteme sind an diesem Systemanwendungsfall beteiligt?
- ☑ Beschreibt der Systemanwendungsfall einen zeitlich zusammenhängenden (kohärenten) Ablauf? Sonst sollte er ggf. in mehrere zerlegt werden.
- ☑ Wird vor allem das nach außen wahrnehmbare Verhalten und weniger die Art der internen Umsetzung beschrieben? D.h. Beschreibung, *was* das System macht und nicht *wie*?

2.1.10 Sekundärer Anwendungsfall

Kein Bestandteil der UML, sondern Erweiterung des Autors.
Verwandte Begriffe: engl. *Secondary use case.*

Definition

Ein sekundärer Anwendungsfall ist ein Anwendungsfall, der einen unvollständigen Teilablauf beschreibt, der in gleichartiger Weise Teil mehrerer anderer Anwendungsfälle ist und deren jeweilige Vollständigkeits- und Abgrenzungskriterien ggf. nicht erfüllt sind.

Notation

Sekundäre Anwendungsfälle werden mit dem Stereotyp «secondary» gekennzeichnet.

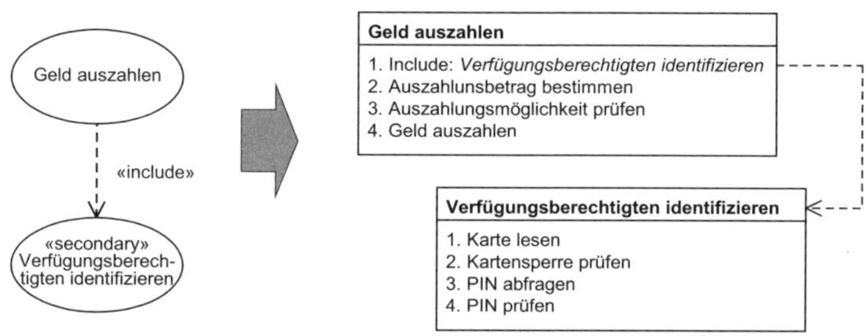

Abb. 2.1-12: Sekundärer Anwendungsfall und Beschreibungen

Beschreibung

Redundanzen vermeiden

Teile von Abläufen die in mehreren Anwendungsfällen in identischer Weise vorkommen, können in eigene sekundäre Anwendungsfälle ausgelagert werden und mittels Enthältbeziehung wieder eingebunden werden. Somit lassen sich redundante Beschreibungen in Anwendungsfällen vermeiden.

Praxis

Die ausgelagerten Teile sind jedoch gewöhnlich unvollständig und erfüllen die an die jeweilige Anwendungsfallart gestellten Bedingungen bezüglich Auslöser, Ergebnis, zeitlicher Kohärenz u.a. nicht. Um diese unvollständigen Anwendungsfälle von anderen zu unterscheiden, werden sie als explizit sekundäre Anwendungsfälle gekennzeichnet. Alle anderen sind demnach (implizit, d.h. wenn nichts weiter angegeben ist) primäre Anwendungsfälle. Sekundäre Anwendungsfälle können Teile von allen anderen Arten von (Kern-, Geschäfts-, unterstützende, System- etc.) Anwendungsfällen beschreiben. In der Praxis werden sekundäre Anwendungsfälle aber vor allem in Systemanwendungsfallmodellen benötigt.

Checkliste für sekundäre Anwendungsfälle

☑ Sekundäre Anwendungsfälle müssen die Kriterien (Auslöser, Ergebnis etc.) der primären Anwendungsfälle nicht erfüllen.

☑ Beschreibt der sekundäre Anwendungsfall einen Ablauf, der in mindestens zwei anderen Anwendungsfällen in identischer Weise als Teilablauf vorkommt?

2.1.11 Abstrakter Anwendungsfall

Verwandte Begriffe: *Geschäftsanwendungsfall, Essenzieller Anwendungsfall.*

Definition

Ein abstrakter Anwendungsfall ist eine Verallgemeinerung einer Menge ähnlicher Anwendungsfälle. Durch diese Verallgemeinerung ist ein abstrakter Anwendungsfall prinzipiell unvollständig und durch spezialisierte konkrete Anwendungsfälle zu vervollständigen.

Gemeinsamkeit durch Abstraktion herauslösen

Notation

Der Name eines abstrakten Anwendungsfalles wird kursiv geschrieben. Im Übrigen ist die Notation wie bei gewöhnlichen Anwendungsfällen.

Beschreibung

Gemeinsamkeiten verschiedener Anwendungsfälle können bei konkreter Übereinstimmung als sekundäre Anwendungsfälle herausgelöst und mittels Enthältbeziehung wieder referenziert eingebunden werden. Ein abstrakter Anwendungsfall enthält auch Gemeinsamkeiten mehrerer anderer Anwendungsfälle, jedoch nicht aufgrund konkreter und exakter Übereinstimmung, sondern weil sich die dort beschriebenen Sachverhalte durch Abstraktion zusammenfassen lassen.

Jede Art von Anwendungsfall kann theoretisch ein abstrakter Anwendungsfall sein, d.h. Geschäfts-, System- und sekundäre Anwendungsfälle können abstrakt sein. Wobei Geschäftsanwendungsfälle im Prinzip auch eine Art abstrakter Anwendungsfall darstellen, weil sie von der möglichen systemtechnischen Umsetzung abstrahieren. Im Gegensatz zu dem hier beschriebenen abstrakten Anwendungsfall benötigt ein Geschäftsanwendungsfall jedoch nicht zwangsläufig eine Menge ihn konkretisierender Anwendungsfälle.

Abstrakte Anwendungsfälle sind prinzipiell unvollständig beschrieben

Alle in einem abstrakten Anwendungsfall beschriebenen Sachverhalte (Kurzbeschreibung, Auslöser, Ergebnisse, Ablaufschritte etc.) müssen auch in den abgeleiteten spezialisierenden Anwendungsfällen vorkommen, sie dürfen dort jedoch konkreter beschrieben sein.

Beispiel

Die konkreten Anwendungsfälle *Reservierung stornieren* und *Reservierung ändern* können beide abstrakt als *Reservierung bearbeiten* bezeichnet werden. Sie beinhalten in abstrakter Weise mehrere Gemeinsamkeiten, beispielsweise ist jeweils die Reservierung zu identifizieren, die Reservierung zu bearbeiten (konkret: stornieren, ändern) und die Bearbeitung zu bestätigen (konkret: Stornobestätigung, Änderungsbestätigung).

Jeder im abstrakten Anwendungsfall vorkommende Schritt muss auch in den abgeleiteten konkreteren Anwendungsfällen vorkommen. Dabei ist es aufgrund der Konkretisierung möglich, dass sich die Bezeichnung eines Schrittes ändert (konkretisiert), wie in Abb. 2.1-13 der Schritt 3, wo aus „Bearbeitung" konkret „Stornierung" oder „Änderung" wird. Ebenso ist es möglich, dass ein einzelner abstrakter Schritt in den abgeleiteten spezielleren Anwendungsfällen durch mehrere detailliertere Schritte beschrieben wird, wie in Abb. 2.1-13 der Schritt 2, der im Falle der Stornierung in zwei Einzelschritte konkretisiert wird.

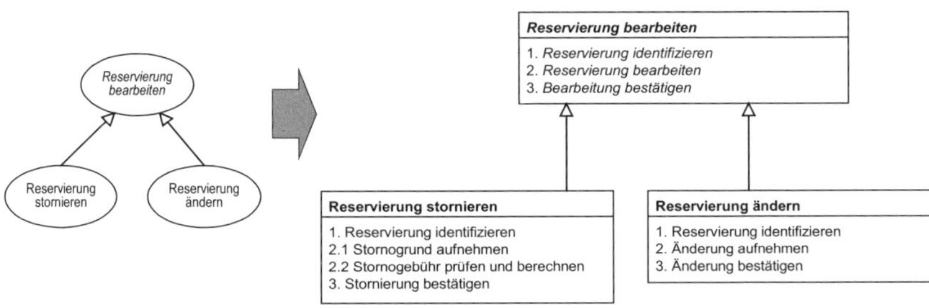

Abb. 2.1-13: Beispiel eines abstrakten Anwendungsfalles

In ähnlicher Weise gilt dies auch für alle anderen Beschreibungselemente eines Anwendungsfalles, d.h. Kurzbeschreibung, Vorbedingung, Nachbedingung etc.

Checkliste für abstrakte Anwendungsfälle

- ☑ Gibt es zu dem abstrakten Anwendungsfall abgeleitete, konkretere Anwendungsfälle?
- ☑ Kommen alle Beschreibungselemente (Schritte etc.) des abstrakten Anwendungsfalles auch in den konkreteren Anwendungsfällen vor? Sind sie dort entweder unverändert oder konkretisiert?
- ☑ Gelten alle mit dem abstrakten Anwendungsfall verbundenen sonstigen Beziehungen (Enthältbeziehungen zu anderen Anwendungsfällen, assoziierte Akteure u.a.) auch in gleicher oder konkreterer Weise für die abgeleiteten konkreteren Anwendungsfälle?

2.1.12 Anforderung, Feature & Co

Verwandte Begriffe: engl. *Requirement, Use Case.*

Anforderungen sind kein Bestandteil der UML, können aber strukturiert aufgenommen werden, um Anforderungsanalyse mit UML-Mitteln betreiben zu können.

Definition

Eine *Anforderung* beschreibt eine oder mehrere Eigenschaften oder Verhaltensweisen, die stets erfüllt sein sollen. Anforderungen sind stereotypisierte Anwendungsfälle.

Es werden allgemein *funktionale* und *nichtfunktionale* Anforderungen unterschieden.

Ein *Feature* ist eine Sammlung von Anforderungen.

Auch *Probleme* und *Ziele* werden häufig als eine spezielle Form der Anforderung betrachtet.

Notation

Anforderungen werden grundsätzlich wie Anwendungsfälle in Form von Ellipsen notiert, wobei durch ein entsprechendes Stereotyp («requirement», «feature» etc.) die Art der Anforderung angegeben werden kann.

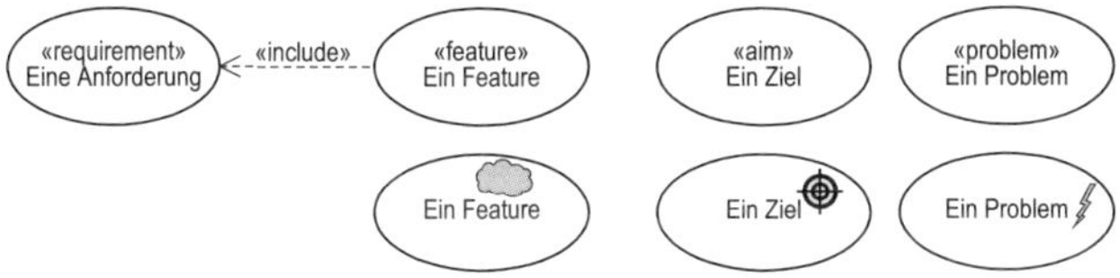

Abb. 2.1-14: Notation der verschiedenen Anforderungstypen

Ähnlich wie bei Anwendungsfällen, wird zu jeder Anforderung eine Detailbeschreibung benötigt, die nicht in UML, sondern in natürlicher Sprache vorliegt. Eine entsprechende Beschreibungsschablone ist in Abb. 2.1-15 zu sehen.

Beschreibung

Die für Anwendungsfälle möglichen Beziehungsformen *Spezialisierung* und *Enthält (Include)* sind auch für Anforderungen verwendbar, ebenso können diese Beziehungen von Anwendungsfällen zu Anforderungen oder umgekehrt definiert werden. So kann beispielsweise ein Feature oder ein Anwendungsfall eine Menge von Anforderungen enthalten, wobei die entsprechenden «include»-Beziehungen dann auf die enthaltene Anforderung zeigen.

Anforderung	Name der Anforderung
Art	z.B. Funktionale Anforderung
Beschreibung	Kurze Beschreibung der Anforderung mit 1 – 4 Sätzen.
Stabilität	
Verbindlichkeit	
Priorität	
Details	
Involvierte andere Modellelemente	
Verweise auf andere Geschäftsregeln	
Änderungen	Datum Mitarbeiter Status Kommentar

Abb. 2.1-15: Spezifikationsschablone einer Anforderung

Es werden verschiedene Arten von Anforderungen unterschieden, wie in Abb. 2.1-16 dargestellt. Für Geschäftsregeln am wichtigsten sind die so genannten funktionalen Anforderungen. Im Rahmen von Softwareentwicklungsprojekten werden zusätzlich auch noch die nichtfunktionalen Anforderungen wichtig.

Nichtfunktionale Anforderungen werden wie folgt unterteilt (ISO 9126):

- Zuverlässigkeit
- Benutzbarkeit
- Effizienz
- Änderbarkeit
- Übertragbarkeit

Anforderungen sind in einem abstrakteren Sinne ebenfalls:

- Probleme
- Ziele
- Features
- Fachkonzepte

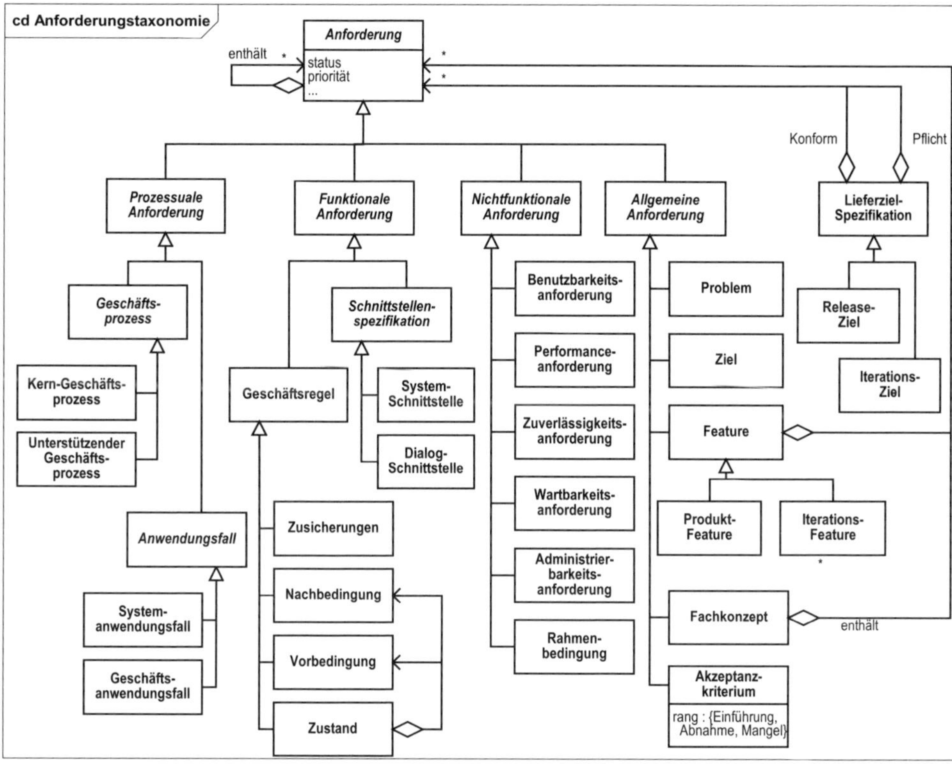

Abb. 2.1-16: Verschiedene Arten von Anforderungen

Praxis

Ein besonderes, zu diskutierendes Element ist das *Feature*. Dieser Begriff wird sehr häufig in Projekten verwendet. Beispielsweise wird oft ein Release inhaltlich durch eine Menge realisierter Features definiert. Dennoch ist dieser Begriff alles andere als klar definiert. Jeder scheint etwas anderes darunter zu verstehen. Viele suchen oder wünschen sich eine saubere, objektivierbare Definition.

Was ist ein Feature?

Die Unschärfe des Begriffes und die bewusste Uneinheitlichkeit können allerdings auch eine Stärke sein, weswegen wir Feature hier wie folgt definieren: *Ein Feature ist eine Sammlung von (häufig noch zu konkretisierenden) Anforderungen.*

Während funktionale und nichtfunktionale Anforderungen gewöhnlich elementare, d.h. sehr detaillierte Anforderungen darstellen und damit jeweils auf einem ähnlichen Abstraktions- und Detaillierungsniveau beschrieben sind, ist dies bei Features nicht der Fall. Als Feature wird manchmal eine kleine Detailanforderung bezeichnet („die Bankleitzahl ist 8-stellig") oder ebenso ein ganzes (Sub-) System („Es wird eine Kundenverwaltung benötigt").

Features sind zu konkretisierende Anforderungen

Diese möglicherweise große Unterschiedlichkeit in der Granularität von Features ist hier sinnvoll und beabsichtigt! Versuchen Sie nicht, sie krampfhaft zu vereinheitlichen. *Feature* ist der Sammelbegriff für alle Anforderungen, die (noch) nicht in eine der anderen Kategorien hineinpassen. Dadurch sind die Möglichkeiten, aufbauend auf Features zu planen (Projektplanung, Aufwandschätzungen etc.), natürlicherweise sehr eingeschränkt. Früher oder später sind Features daher zu detaillieren und zu untergliedern, so dass elementare und besser handhabbare Anforderungen daraus entstehen, die anderen Anforderungskategorien zugeordnet werden können. Ohne Features (oder eine andere Art von unscharfem Element) zu arbeiten ist jedoch umständlich und praxisfern, da nicht alle Anforderungen, die genannt und identifiziert werden, sofort eindeutig verfeinert werden können. Übergangsweise sollten sie unklar bleiben dürfen.

Was ist ein Fachkonzept?

Ähnlich ist es mit dem Begriff *Fachkonzept*. Typischerweise schreiben Fachabteilungen Anforderungen in Form von Fachkonzepten, wobei auch diese keine Anwendungsfälle und keine einzelnen funktionalen oder nichtfunktionalen Anforderungen darstellen, sondern allgemeine und übergreifende Anforderungen benennen, die meistens zu einem bestimmten fachlichen Thema gehören. Dies ist häufig an den Namen zu erkennen, die beispielsweise „Gutscheinabwicklung", „Agenturbetrieb", „Lieferung in Nicht-Euro-Länder" u.Ä. heißen. Fachkonzepte beschreiben also fachliche Features.

Der Umgang mit Fachkonzepten erhöht den Aufwand für die anwendungsfallgetriebene Anforderungsanalyse, da Fachkonzepte Anforderungen beschreiben, von denen mehrere Anwendungsfälle betroffen sind. Folglich sind die entsprechenden Abhängigkeiten (welche Anwendungsfälle sind betroffen?) zu erkennen und zu verwalten.

Anwendungsfälle und Dialogspezifikationen

Vgl. Kap. 1.1 ⇨21

Zwei weitere besondere Arten funktionaler Anforderungen sind Anwendungsfälle und Dialogspezifikationen. Anwendungsfälle sind in der Abb. 2.1-16 enthalten, weil sie selbstverständlich auch Anforderungen beschreiben. Anwendungsfälle sind formal gesehen eine Sammlung von Einzelanforderungen und können prinzipiell auch nichtfunktionale und andere Arten von Anforderungen enthalten. Wir betrachten sie dennoch als eine Art funktionale Anforderung, da sie *vorwiegend* Abläufe und Verhaltensweisen, also funktionale Anforderungen, beschreiben. Ähnlich verhält es sich mit den Dialogspezifikationen.

Während die grafische Notation in Form von Ellipsen bzw. Anwendungsfällen nur die Existenz einer Anforderung und ihre Abhängigkeiten und Beziehungen ausdrückt, wird die detaillierte Spezifikation einer Anforderung in natürlicher Sprache vorgenommen, wobei jede Anforderung durch folgende Einzelpunkte beschrieben wird:

- Eindeutige Nummer, ggf. zusätzlich Kurzbezeichnung
- Art der Anforderung
- Beschreibung der Anforderung

  Die Beschreibung erfolgt gewöhnlich in natürlicher Sprache und wird grundsätzlich in Form einer Bedingung formuliert, die stets erfüllt sein muss. Hierfür können alternativ zu natürlicher Sprache auch formale Sprachen wie OCL (Object Constraint Language) oder Prädikatenlogik[3] verwendet werden.
- Klassifizierung der Stabilität

absolut stabil	Die Anforderung wird/kann sich mit großer Wahrscheinlichkeit nie/nicht ändern. Beispiel: *Die Fahrer von Kfz müssen eine geeignete Fahrerlaubnis besitzen.*
stabil	Die Anforderung ändert sich ganz selten. Beispiel: *das gesetzlich vorgegebene Volljährigkeitsalter (zzt. 18 Jahre).*
instabil	Die Anforderung wird gelegentlich oder regelmäßig geändert. Beispiel: *Die Mindestmietdauer beträgt 6 Stunden.*
flüchtig	Die Anforderung ist ständigen Änderungen unterworfen.

  Die Klassifizierung der Stabilität ist hilfreich, um Anforderungen mit vertretbaren Aufwänden flexibel ändern zu können. Je dynamischer das Umfeld, desto wichtiger wird es, stabile Elemente zu identifizieren, um nicht bei jeder Änderung den kompletten Modellierungsbereich betrachten zu müssen.
- Verbindlichkeit der Anforderung (Pflicht, Wunsch, Absicht, Vorschlag)

  Pflichtanforderungen enthalten das Wort „muss" („... muss ... erfüllen"), optionale Anforderungen (Wünsche) enthalten das Wort „sollte". Absichten sind Anforderungen, die wahrscheinlich zukünftig zu erfüllen sind, sie beginnen mit der Phrase „Es ist beabsichtigt, dass ...". Vorschläge sind keine Anforderungen, sondern Ideen von Modellierungsbeteiligten, wie bestehende Anforderungen (besser) gelöst werden könnten.
- Priorität der Anforderung (hoch, mittel, niedrig oder numerische Skala)

  In Softwareentwicklungsprojekten müssen regelmäßig Kompromisse gemacht werden und nicht alle Ziele können in gleicher Weise erreicht oder verfolgt werden. Die Priorität ergibt sich beispielsweise aus der Abwägung von Risiken, Chancen, Kosten, Nutzen, Umsetzbarkeit u.Ä.
- Detailbeschreibung, d.h. Motivation, Ursache, Hintergrund, Ansprechpartner, Unterlagen, Testbarkeit, Beispiele, Randbedingungen (Gesetze, Standards etc.).

[3] Die Prädikatenlogik ist ein Teilgebiet der Logik und beschäftigt sich mit formalen Systemen für Aussagen und Schlussfolgerungen.

- Involvierte andere Modellelemente: Aufzählung/Referenzierung beteiligter bzw. betroffener Klassen, Komponenten und Anwendungsfälle.
- Verweise auf andere abhängige oder zu beachtende Anforderungen.
- Änderungshistorie und Status.

Ein Feature als eine Menge fachlich zusammenhängender Anforderungen kann folgendermaßen spezifiziert werden:

Anforderung	**Name des Features**
Art	Feature
Beschreibung	....
Enthaltene Anforderungen	▪ Anforderung 1 ▪ Anforderung 2 ▪ ...
Änderungen	Datum Mitarbeiter Status Kommentar

Abb. 2.1-17: Spezifikationsschablone eines Features

Checkliste für Anforderungen

☑ Trägt die Anforderung eine eindeutige Nummer (ID)?

☑ Wurde die Art der Anforderung festgelegt?

☑ Wurde die Anforderung klassifiziert hinsichtlich Stabilität, Verbindlichkeit und Priorität?

2.1.13 Akteur

Verwandte Begriffe: engl. *actor*, engl. *stakeholder*, *Beteiligter, Systemakteur*, *Ereignis*, *Externes System*, *Dialog*, engl. *boundary, control, entity, Classifier*.

Definition

Ein Akteur ist eine gewöhnlich außerhalb des betrachteten bzw. zu realisierenden Systems liegende Einheit, die an der in einem Anwendungsfall beschriebenen Interaktion mit dem System beteiligt ist.

Ein Akteur kann ein Mensch sein, z.B. ein Benutzer, ebenso aber auch ein anderes technisches System, z.B. SAP, das Betriebssystem o.Ä.

Außerdem ist es möglich, auch Ereignisse, wie Zeitereignisse (z.B. Monatswechsel), als Akteure zu modellieren. Es ist jedoch üblich geworden, darauf zu verzichten und statt des Ereignisses nur die echten Akteure zu notieren.

Beschreibung

Akteure = Rollen

Akteure sind beispielsweise die Anwender des Systems. Bei den Akteuren werden allerdings nicht die konkreten beteiligten Personen unterschieden

(„Gabi Goldfisch"), sondern ihre Rollen, die sie im Kontext des Anwendungsfalls einnehmen („Callcenter-Agent"). Wenn also eine Person in mehreren Rollen auftritt (z.B. *Kundenberatung* und *Antragsannahme*), werden auch mehrere entsprechende Akteure im Anwendungsfalldiagramm notiert.

Multiplizitäten

Akteure besitzen Assoziationen zu Anwendungsfällen, wenn sie an den dort beschriebenen Abläufen beteiligt sind. Die Multiplizität auf der Seite des Anwendungsfalles gibt an, wie oft dieser Anwendungsfall von dem Akteur gleichzeitig ausgeführt werden darf. Wenn keine Angabe gemacht wird, ist die Standardmultiplizität 0..1.

Auf der Seite des Akteurs bedeutet die Multiplizität, wie viele Akteure der angegebenen Rolle am Anwendungsfall beteiligt sein müssen bzw. können. Wenn keine Angabe gemacht wird, ist die Multiplizität 1.

Akteure können untereinander Generalisierungs-/Spezialisierungs-Beziehungen haben, um zwischen ihnen eine hierarchische Gliederung und Abstraktion darzustellen. Assoziationsbeziehungen zwischen Akteuren sind in der UML nicht vorgesehen.

Notation

Die Akteure können in verschiedener Weise dargestellt werden: als textuelles Stereotyp in einem Rechteck oder als visuelles Stereotyp beispielsweise als Strichfigur.

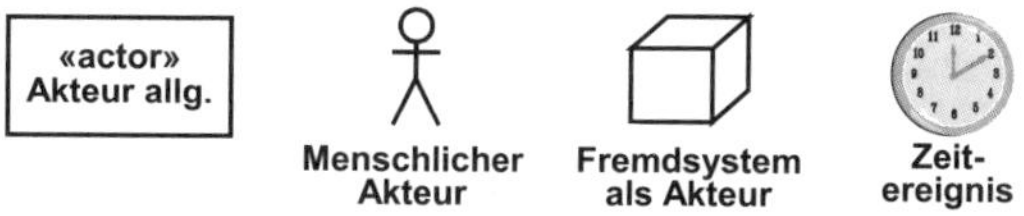

Abb. 2.1-18: Verschiedene Darstellungsformen von Akteuren

Stereotypen ⇨71

Da es verwirrend sein kann, Akteure, die andere technische Systeme repräsentieren, als Strichfiguren darzustellen, gibt es weitere visuelle Stereotypen, beispielsweise einen Würfel zur Darstellung technischer Systeme oder ein Uhrensymbol zur Darstellung eines Zeitereignisses (was gewöhnlich von einem technischen System, etwa dem Betriebssystem ausgelöst wird).

Praxis

Akteure beschreiben die Rollen der am Anwendungsfall Beteiligten. Diese Rollen können generalisiert bzw. spezialisiert werden.

Da Anwendungsfälle dazu verwendet werden, die Anforderungen an das System in Form typischer Abläufe aus Anwendersicht aufzunehmen, ist die Akzeptanz und Verständlichkeit der verwendeten Symbole und Konzepte entscheidend. In der Praxis ist es daher sinnvoll, einfache und/oder eingängige Darstellungen zu benutzen, wie beispielsweise ein Uhrensymbol für ein Zeitereignis (siehe oben).

In einigen UML-Werkzeugen sind Akteure formal, d.h. im Sinne des UML-Metamodells abweichend als stereotypisierte Klassen implementiert, da das gleichnamige Standard-UML-Element *Akteur* einigen für die Praxis unbequemen semantischen Einschränkungen unterliegt.

Systemakteure
Geschäftsakteure

In den oben genannten Fällen sind stets Systemakteure gemeint, im Rahmen der Geschäftsprozessmodellierung können weitere Akteurformen unterschieden werden: außen- und innenorientierte Geschäftsmitarbeiter sowie aktive und passive Geschäftspartner.

UML-Versionshinweis

1.x

Ab UML 2.0 ist ein anderes grafisches Symbol bei Akteuren auch ohne Stereotyp möglich.

Checkliste für Akteure

☑ Repräsentiert der Akteur eine Rolle und keine konkrete Person?

☑ Trägt der Akteur einen unverwechselbaren Namen? Womit könnte man den Akteur verwechseln, wenn man wollte?

☑ Hat der Akteur zumindest zu einem Anwendungsfall oder zu einem anderen Akteur eine Beziehung?

☑ Handelt es sich bei dem Akteur um eine von einem Menschen wahrgenommene Rolle oder um ein anderes technisches System?

2.1.14 Anwendungsfallszenario

Verwandte Begriffe: *Szenario*, *Anwendungsfallinstanz*, *Stories*.

Definition

Ein Anwendungsfallszenario ist eine mögliche konkrete Ausprägung eines Anwendungsfalles.

Beschreibung

Während ein Anwendungsfall abstrakt gehalten ist, den Standardfall beschreibt und vielleicht mit Hilfe von Aktivitätsdiagrammen auch alle möglichen Ablaufvarianten vollständig spezifiziert, ist ein Anwendungsfallszenario ein ganz konkreter Ablauf mit konkreten Werten („*Frau Gabi Goldfisch reserviert vom 7.10.2003 bis 9.10.2003 einen Smart an der Station Goldbekufer*"). Zu einem Anwendungsfall kann es beliebig viele Szenarien geben.

Den MitarbeiterInnen im Anwendungsbereich fällt es manchmal schwer, ihre Tätigkeiten abstrakt oder allgemein gehalten zu beschreiben. Zumindest kann man dies nicht immer voraussetzen. Viel leichter fällt ihnen hingegen die Darstellung ihrer Arbeit anhand konkreter Beispiele. In solchen Fällen können Szenarien verwendet werden. Ebenso um bestimmte, nicht unmittelbar ersichtliche Sonderfälle anhand eines konkreten Beispiels zu beschreiben.

Notation

Anwendungsfallszenarien werden wie Anwendungsfälle dargestellt, jedoch kann das Szenario einen eigenen Namen tragen, der mit einem Doppelpunkt vom Anwendungsnamen getrennt wird. Der Name wird komplett unterstrichen. Vom Szenario geht eine Instantiierungsbeziehung auf den zugehörigen Anwendungsfall.

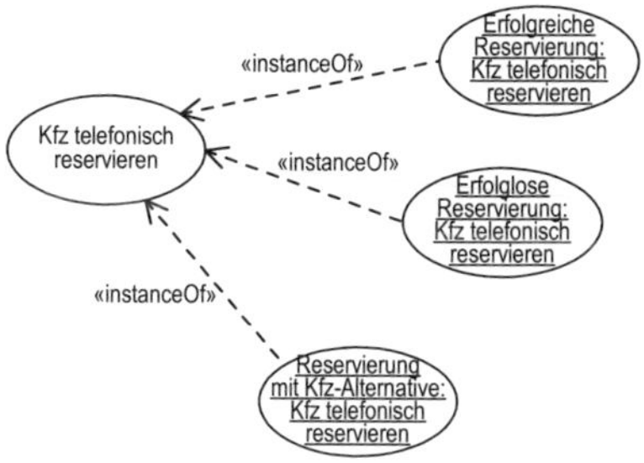

Abb. 2.1-19: Notation von Anwendungsfallszenarien und ihre Zuordnung zu Anwendungsfällen

2.2 Klassendiagramm, Strukturelemente

Verwandte Begriffe: *Objektmodell, Begriffsmodell, Strukturmodell, Datenmodell.*

Definition

Ein Klassenmodell beschreibt, welche Klassen existieren und in welchen Beziehungen sie zueinander stehen.

Notation

Die einzelnen Notationselemente werden in den folgenden Abschnitten detailliert erläutert.

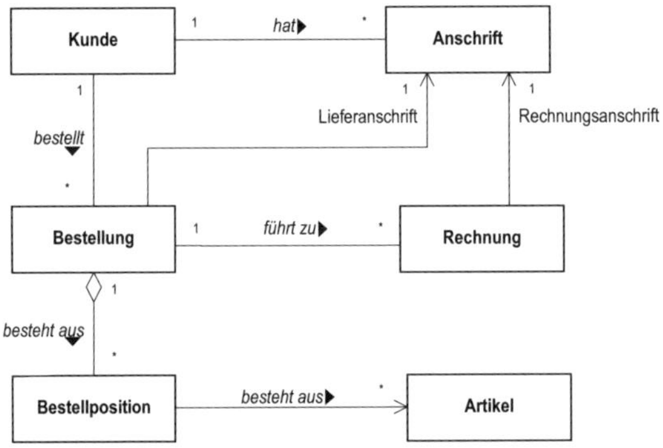

Abb. 2.2-1: Beispiel eines Klassenmodells

Praxis

Klassenmodelle werden aus Klassen, Assoziationen u.Ä. gebildet, wie dies in den folgenden Abschnitten erläutert wird.

Klassenmodelle werden für verschiedene Zwecke verwendet, beispielsweise mit Geschäfts- oder Fachklassen, um fachliche Begriffsmodelle darzustellen oder mit Designklassen, um die Struktur eines Lösungskonzeptes abzubilden. Klassenmodelle können auch auf Programmiersprachencode basieren oder aus diesem extrahiert werden (Reverse-Engineering, Code-Parsing). In diesem Fall wird die Code-Struktur mit Klassendiagrammen visualisiert.

2.2.1 Klasse

Verwandte Begriffe: engl. *class*, *Typ*, *Objektfabrik*

Definition

Objekte ⇨57
Attribute⇨58
Operationen ⇨62

Eine Klasse ist die Definition der Attribute, Operationen und der Semantik für eine Menge von Objekten. Alle Objekte einer Klasse entsprechen dieser Definition.

Beschreibung

Eine Klasse enthält die Beschreibung der Struktur und des Verhaltens von Objekten, die sie erzeugt oder die mit ihr erzeugt werden können. Objekte werden von Klassen produziert und sind die in einer Anwendung zur Programmlaufzeit agierenden Einheiten. Die Definition einer Klasse setzt sich aus Attributen und Operationen zusammen. Das Verhalten eines Objektes wird durch die möglichen Nachrichten beschrieben, die es verstehen kann. Zu jeder Nachricht benötigt das Objekt entsprechende Operationen. Nachricht und Operation werden häufig synonym verwendet, obwohl dies nicht richtig ist.

Häufig wird anstelle von *Klasse* auch der Begriff *Typ* verwendet, wobei zu beachten ist, dass Typ die allgemeinere Bezeichnung ist.

Zusicherungen ⇨146
Eigenschaftswerte ⇨70

Neben den Attributen und Operationen beinhaltet eine Klasse auch die Definition eventueller Zusicherungen.

Notation

Klassen werden durch Rechtecke dargestellt, die entweder nur den Namen der Klasse (fettgedruckt) tragen oder zusätzlich auch Attribute und Operationen. Dabei werden diese drei Rubriken – Klassenname, Attribute, Operationen – jeweils durch eine horizontale Linie getrennt. Klassennamen beginnen mit einem Großbuchstaben und sind gewöhnlich Substantive im Singular (Sammlungsklassen u.Ä. ggf. im Plural).

Attribute werden mindestens mit ihrem Namen aufgeführt und können zusätzlich Angaben zu ihrem Typ (d.h. ihrer Klasse), einen Initialwert, Eigenschaftswerte und Zusicherungen enthalten. Siehe Abschnitt 2.2.6 *Attribut* (⇨58).

Operationen werden ebenfalls mindestens mit ihrem Namen, zusätzlich durch ihre möglichen Parameter, deren Klasse und Initialwerte sowie eventuellen Eigenschaftswerten und Zusicherungen notiert. Siehe Abschnitt 2.2.7 *Operation* (⇨62).

Abstrakte Klassen ⇨55

Paket ⇨103
Attribute ⇨58
Operationen ⇨62

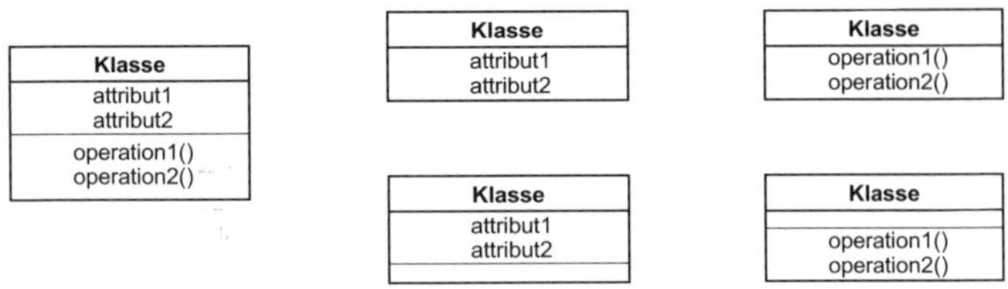

Abb. 2.2-2: Verschiedene Notationsvarianten für Attribute und Operationen

In der obersten Rubrik (Klassenname) stehen oberhalb des Klassennamens in doppelten spitzen Klammern die Klassen-Stereotypen (z.B. *«Fachklasse»*) und unterhalb des Klassennamens stehen in geschweiften Klammern die Eigenschaftswerte. Dem Klassennamen kann der Name eines Paketes vorangestellt werden, wobei zwei Doppelpunkte den Paket- und den Klassennamen trennen.

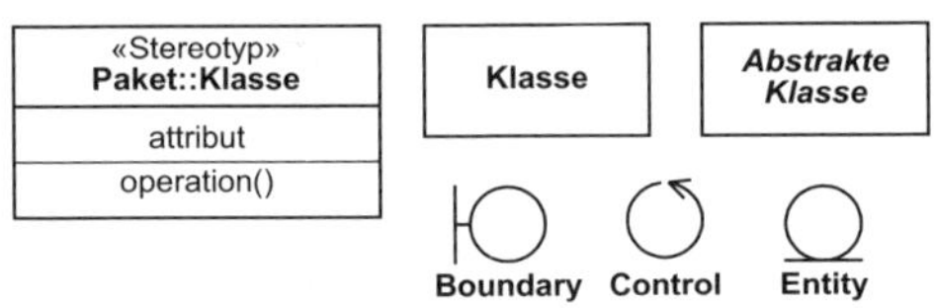

Abb. 2.2-3: Notationsmöglichkeiten für Klassen

Abstrakte Klassen werden durch Kursivschrift des Klassennamens gekennzeichnet. In der UML sind verschiedene Stereotypen vordefiniert, wobei die Symbole dafür seitens der UML nicht festgelegt sind. Über Stereotypen ist es möglich, spezielle Arten von Klassen durch eigene Symbole hervorzuheben. Die wichtigsten sind Boundary, Control und Entity.

Zusicherungen können in Notizfeldern oder ganz einfach hinter dem verantwortlichen Element in Klammern notiert werden (siehe Abb. 2.2-4).

Beispiel

Eine Klasse *Kreis* würde beispielsweise die Attribute *radius* und *position* sowie die Operationen *anzeigen(), entfernen(), setPosition(pos)* und *setRadius (neuerRadius)* beinhalten. Ein Paketname ist in der Abbildung nicht angegeben, mit dieser Angabe könnte es aber zum Beispiel *Grafik::Kreis* lauten. Die Zusicherung *{radius > 0}* fordert, dass der Wert des Attributes *radius* stets größer 0 sein muss. Ein Kreis mit einem negativen Radius oder mit dem Radius = 0 ist nicht zulässig. Die Angabe des Initialwertes *(10, 10)* für das Attribut *mittelpunkt* bedeutet, dass beim Erzeugen eines Exemplars der Wert des Attributes hiermit vorbesetzt wird.

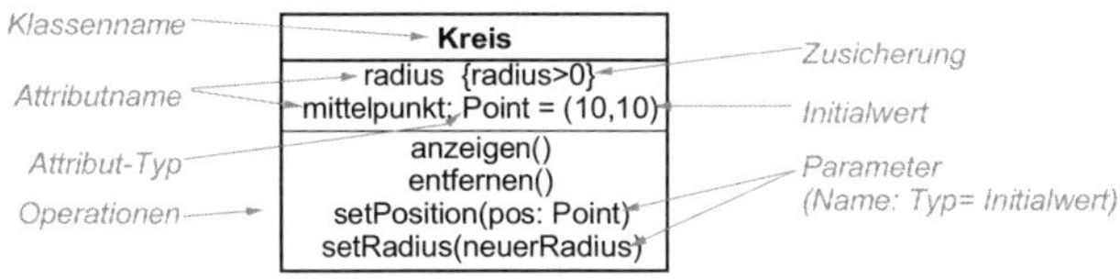

Abb. 2.2-4: Beispiel einer Klasse

UML-Versionshinweis

Ab UML 2.0 sind Eigenschaftswerte (*property string*) nur an Attributen und Operationen, nicht an Klassen erlaubt.

1.x

Boundary, *Control* und *Entity* sind zwar verbreitet, aber keine Standard-UML-Stereotypen.

2.2.2 Parametrisierbare Klasse

Verwandte Begriffe: *Schablone, Klassenvorlage, generische Klasse*, engl. *template*, *parametrisierte Klasse,* engl. *parameterized class,* engl. *bound element, Schablonenbindungsbeziehung*, engl. *template binding relationship*.

Definition

Schablonenklasse
template

Eine parametrisierbare Klasse ist eine mit generischen formalen Parametern versehene Schablone, mit der gewöhnliche (d.h. nicht-generische) Klassen erzeugt werden können. Die generischen Parameter dienen als Stellvertreter für die tatsächlichen Parameter, die Klassen oder einfache Datentypen repräsentieren.

Beschreibung

Bei einer parametrisierbaren Klasse wird keine konkrete Klasse definiert, sondern lediglich eine Schablone (engl. *template*) zur Erzeugung von Klassen. Bei diesen Schablonen handelt es sich normalerweise um eine Makrotechnik, die außer Textersetzung nicht viel kann. Parametrisierbare Klassen sind in statisch typisierten Sprachen ein wichtiges Mittel, um einen wiederverwendbaren Code zu schreiben. C++ und Eiffel unterstützen parametrisierbare Klassen.

Parametrisierte Klasse
bound element

Die mit Hilfe einer parametrisierbaren Klasse entstandene Klasse wird parametrisierte Klasse genannt (engl. *parameterized class, bound element*).

Schablonenbindungsbeziehung

Die Beziehung zwischen den beiden Elementen heißt Schablonenbindungsbeziehung (Template binding relationship).

Beispiel

Ein typischer Anwendungsfall sind Sammlungsklassen, also Klassen, in denen eine Menge von Objekten abgelegt werden kann. Beispielsweise die folgende Warteschlangen-Schablone (C++):

```
template <class Element>
class Warteschlange {
  public:
    void anfuegen(Element* i);
    void entnehmen(Element* i);
    ...
};
```

Diese Warteschlange kann für verschiedene Elementtypen parametrisiert werden, beispielsweise für Patienten im Wartezimmer oder die Teilnehmer eines Verkehrsstaus:

```
class Patient;
class Pkw;

...

Warteschlange<Patient> Wartezimmer;
Warteschlange<Pkw> Stau;
```

Notation

In der grafischen Notation werden parametrisierbare Klassen wie Klassen dargestellt, erhalten jedoch zusätzlich in der rechten oberen Ecke eine Einblendung der Parameter (in einem gestrichelten Rechteck). Klassen, die mit Hilfe einer parametrisierbaren Klasse entstehen, haben einen gestrichelten Vererbungspfeil mit dem Stereotyp *«bind»* zu der parametrisierbaren Klasse.

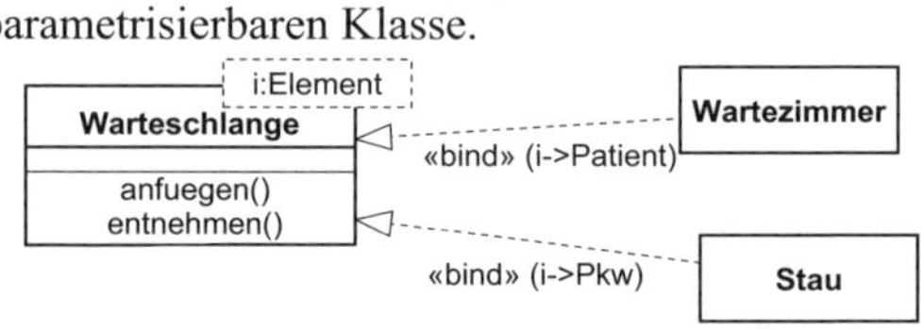

Abb. 2.2-5: Schablonenklasse mit Schablonenbindungsbeziehung.

Eine andere Notationsvariante zeigt die nächste Abbildung, in der die parametrisierte Klasse ohne die *«bind»*-Beziehung gezeigt wird.

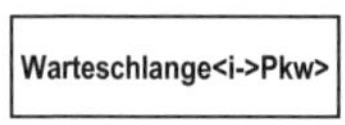

Abb. 2.2-6: Schablonenklasse in Kurzform

Literatur

Schablonenbasierte Programmierung ist ein eigenes Programmierparadigma, lesen Sie hierzu beispielsweise [Alexandrescu2001].

2.2.3 Abstrakte Klasse

Verwandte Begriffe: engl. *abstract class*, *virtuelle Klasse*.

Definition

Von einer abstrakten Klasse werden niemals Exemplare erzeugt; sie ist bewusst unvollständig und bildet somit die Basis für weitere Unterklassen, die Exemplare haben können. Klassen ⇨51

Beschreibung

Abstrakte Klassen repräsentieren häufig einen Allgemeinbegriff, einen Oberbegriff für eine Menge konkreter Begriffe. So kann *Fahrzeug* ein abstrakter Oberbegriff von *Fahrrad, Pkw, Lkw, Bahn* und *Flugzeug* sein. Von den konkreten Begriffen *Fahrrad, Pkw* etc. gibt es reale Exemplare. Ein Ding, das jedoch einfach nur *Fahrzeug* ist, gibt es nicht. *Fahrzeug* ist lediglich eine Abstraktion, eine Verallgemeinerung.

Eine abstrakte Klasse ist immer eine Oberklasse. Eine abstrakte Klasse, die keine Unterklassen hat, ist sinnlos. Entweder ist sie überflüssig oder es fehlt eine konkrete Klasse als Unterklasse. Oberklasse Vererbung ⇨76

Notation

Eine abstrakte Klasse wird wie eine normale Klasse dargestellt, jedoch wird der Klassenname stets kursiv gesetzt. Wahlweise kann unterhalb des Klassennamens {abstract} angegeben werden. Ansonsten können Attribute, Operationen, Zusicherungen usw. Bestandteil der Klasse sein.

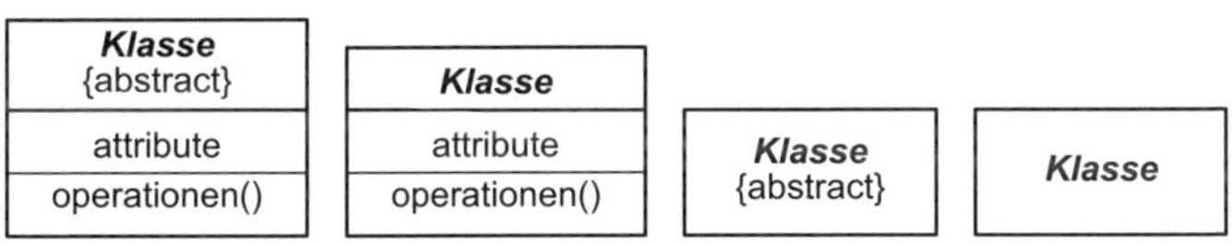

Abb. 2.2-7: Notation abstrakter Klassen

Für handschriftliche Darstellungen ist es etwas umständlich, Klassen als abstrakt zu kennzeichnen. Zum einen ist es mühsam, handschriftlich kursiv zu schreiben. Zum anderen muss man es bereits vorher wissen, eine nachträgliche Kennzeichnung ist nicht möglich. Für handschriftliche Darstellungen verwende ich einfach die Kurzform *{A}*, um eine Klasse als abstrakt zu kennzeichnen.

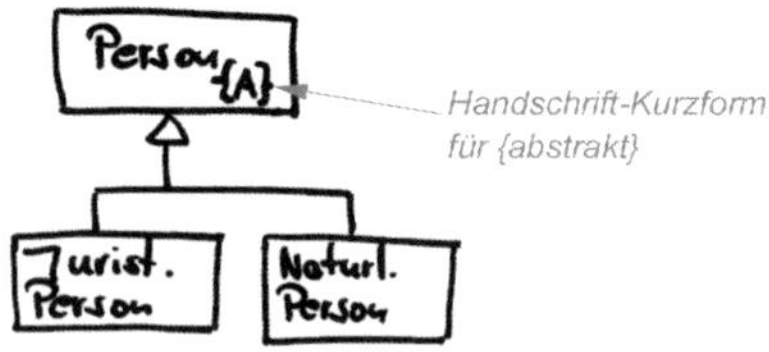

Abb. 2.2-8: Handschriftliche Notation abstrakter Klassen

Beispiel

Diskriminator ⇨76

Die abgebildete Klassenhierarchie zeigt die abstrakte Oberklasse *Geom-Figur*. Konkret wird eine geometrische Figur immer ein Dreieck, ein Kreis oder ein Rechteck sein, weswegen dies ihre konkreten Unterklassen sind. Diskriminator ist hier die *Figurenform*.

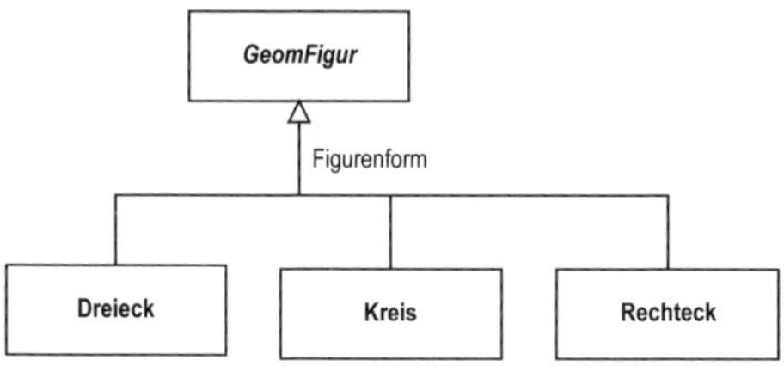

Abb. 2.2-9: Klassenhierarchie mit abstrakter Oberklasse

2.2.4 Aktive Klasse

Verwandte Begriffe: *Klasse*.

Definition

Eine aktive Klasse ist eine Klasse, deren Instanzen jeweils in einem eigenen Thread laufen.

Beschreibung

Eigener Thread, nebenläufige Prozesse

Für die fachlichen Klassen betrieblicher Informationssysteme sind aktive Klassen gewöhnlich nicht relevant. In eingebetteten und Echtzeit-Systemen hingegen kommt es regelmäßig vor, das bestimmte Prozesse nebenläufig, d.h. mit eigenem Kontrollfluss ausgeführt werden. Klassen, die solche Instanzen mit eigenem Kontrollfluss erlauben, werden aktive Klassen genannt.

Notation

Eine aktive Klasse wird wie eine gewöhnliche Klasse notiert, jedoch befindet sich links und rechts an der Innenseite des Rechteckes eine weitere Linie. Alternativ kann die Angabe {active} verwendet werden.

Abb. 2.2-10: Notation einer aktiven Klasse

UML-Versionshinweis

In UML 1.x wurde ein anderes Symbol verwendet (ein Rechteck mit fettem Rahmen).

1.x

2.2.5 Objekt

Verwandte Begriffe: *Exemplar*, *Instanz*, engl. *instance*.

Definition

Klassen ⇨51

Ein Objekt ist eine im laufenden System konkret vorhandene und agierende Einheit. Jedes Objekt ist ein Exemplar einer Klasse. Ein Objekt enthält durch Attribute repräsentierte Information, deren Struktur in der Klasse definiert ist. Ein Objekt kann die in der Klasse definierten Nachrichten empfangen, d.h. es besitzt für jede definierte Nachricht entsprechende Operationen. Das durch Nachrichten definierte Verhalten gilt für alle Objekte einer Klasse gleichermaßen, ebenso die Struktur ihrer Attribute. Die Werte der Attribute sind jedoch für jedes Objekt individuell.

Attribute ⇨58
Operationen ⇨62

Beschreibung

Instanz, Exemplar

Anstelle von *Objekt* kann synonym auch *Instanz* oder *Exemplar* gesagt werden. Der beliebte Begriff *Instanz* ist ein Anglizismus: Der in der englischsprachigen Literatur verwendete Begriff *instance*, der soviel meint wie *Exemplar*, wurde nicht richtig übersetzt.

Eine Klasse enthält die Definition von Objekten, d.h. deren abstrakte Beschreibung. Das Verhalten eines Objektes wird beschrieben durch die möglichen Nachrichten, die es verstehen kann. Zu jeder Nachricht benötigt das Objekt entsprechende Operationen. Nachricht und Operation werden häufig synonym verwendet, obwohl dies nicht richtig ist.

Bei *multipler Klassifikation* ist ein Objekt gleichzeitig Instanz von mehr als einer Klasse (ein eher theoretischer Fall, in den meisten objektorientierten Programmiersprachen ist dies nicht vorgesehen).

Bei *dynamischer Klassifikation* kann ein Objekt nacheinander Instanz von mehr als einer Klasse sein (in Smalltalk prinzipiell möglich, dennoch ebenfalls ein eher theoretischer Fall).

Notation

Objekte werden durch Rechtecke dargestellt, die entweder nur ihren Namen tragen, zusätzlich auch den Namen ihrer Klasse oder auch die Werte bestimmter oder aller Attribute. Werden die Attributwerte angegeben, wird das

Rechteck in zwei, durch eine horizontale Linie getrennte Rubriken aufgeteilt. Zur Unterscheidung von der Klassen-Notation wird der Name des Objektes unterstrichen, außerdem beginnt der Objektname gewöhnlich mit einem Kleinbuchstaben.

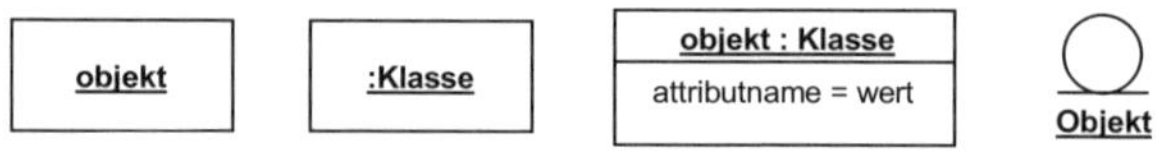

Abb. 2.2-11: Notationsmöglichkeiten für Objekte

Attribute werden mit ihrem Namen und ihrem beispielhaften oder im jeweiligen Zusammenhang aktuellen Wert aufgeführt. Operationen werden nicht genannt, da diese keine Objekt-individuellen Ausprägungen besitzen und für alle Objekte einer Klasse identisch sind. Stattdessen wird in Kommunikations- und Sequenzdiagrammen der konkrete Nachrichtenaustausch zwischen Objekten dargestellt.

Kommunikations-diagramme ⇨134
Sequenzdiagramme ⇨138

Instanziierungsbeziehungen, d.h. Klassen-Objekt-Beziehungen werden durch einen gestrichelten Pfeil dargestellt. Das Objekt zeigt auf seine Klasse.

Beispiel

vgl. Klasse ⇨51

Die Abbildung zeigt ein Objekt mit dem Namen *einKreis*, welches Exemplar der Klasse *Kreis* ist. Es wird durch die beiden Attribute *radius* und *mittelpunkt* beschrieben, wobei der Radius in diesem Beispiel den Wert *25* und der Mittelpunkt (x, y) den Wert *(10, 10)* hat.

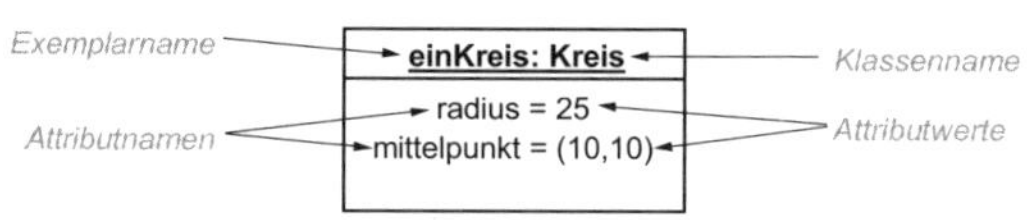

Abb. 2.2-12: Beispiel eines Objektes

2.2.6 Attribut

Verwandte Begriffe: engl. *attribute*, *Variable*, *Instanzvariable*, engl. *member*, *Datenelement*.

Definition

Klassen ⇨51
Objekte ⇨57

Ein Attribut ist ein (Daten-) Element, das in jedem Objekt einer Klasse gleichermaßen enthalten ist und von jedem Objekt mit einem individuellen Wert repräsentiert wird. Im Gegensatz zu Objekten haben Attribute außerhalb des Objektes, von dem sie Teil sind, keine eigene Identität. Attribute sind vollständig unter der Kontrolle der Objekte, von denen sie ein Teil sind.

Beschreibung

Jedes Attribut wird mindestens durch seinen Namen beschrieben. Zusätzlich können ein Datentyp bzw. eine Klasse sowie ein Initialwert und Zusicherungen definiert werden. Die Definition des Attributtyps ist programmiersprachenabhängig: In Smalltalk ist der Wert eines Attributes wiederum ein Objekt, in C++ kann dies auch ein Zeiger, ein zusammengesetzter oder ein elementarer Datentyp (z.B. int) sein. Der Typ bzw. die Klasse eines Attributes wird gewöhnlich angegeben.

Instanzvariable

In Sprachen mit dynamischer Typbindung (z.B. Smalltalk), in denen Attribute (Instanzvariablen) nicht fest an einen Typ gebunden sind, beschreibt die Klassenangabe, welche Klassenzugehörigkeit für das Attribut hier erwartet werden darf, auch wenn die Sprache hier unverbindlich bleibt.

Zusicherungen, OCL ⇨146

Mit *Zusicherungen* kann zusätzlich zur Typangabe der Wertebereich bzw. die Wertemenge des Attributes eingeschränkt oder von anderen Gegebenheiten abhängig gemacht werden. Zusicherungen lassen sich innerhalb des Klassenrechteckes nicht immer sinnvoll unterbringen und sind daher separat zu notieren. Die meisten CASE-Tools beispielsweise bieten extra Spezifikationsdialoge für Attribute an; notfalls sind umfangreichere Zusicherungen als Kommentar festzuhalten. Hier ein einfaches OCL-Beispiel für eine Zusicherung zur Klasse *Kreis* über die möglichen Werte des Attributes *radius*:

```
context Kreis inv: radius > 0
```

Eigenschaftswerte ⇨70
Zustandsdiagramme ⇨127
Read-only, frozen, immutable

Mit der Angabe von *Eigenschaftswerten* können weitere besondere Eigenschaften beschrieben werden. Ein Eigenschaftswert ist zum Beispiel *{read only}*, um anzuzeigen, dass ein Attribut nur gelesen werden darf und {frozen}, um auszudrücken, dass das Attribut nach der Erzeugung und Initialisierung des Objektes nicht mehr geändert werden darf (wird oft auch *immutable* genannt).

Optionale und obligatorische Attribute

Optionale und obligatorische Attribute können durch Angabe einer entsprechenden Multiplizität unterschieden werden:

Multiplizitätsangabe

```
optionalesAttr: Klasse[0..1]
pflichtAttr: Klasse[1]
```

Dynamische Arrays
Komposition

Multiplizitätsangaben sollten nur dann notiert werden, wenn sie nicht [1] sind, was der (informelle) Standardwert ist, d.h. normalerweise werden alle Attribute als Pflichtattribute gesehen. Mengen (beispielsweise dynamische Arrays) können mit [*] notiert werden, wobei damit häufig eine Komposition vorliegt (d.h. die Elemente der Menge verfügen über eine eigene Identität), die dann auch verwendet, d.h. modelliert werden sollte.

Eine Sortierreihenfolge kann mit folgenden Schlüsselworten definiert werden:

- unordered: nicht geordnet (Standard, wenn Angabe fehlt)
- ordered: Werte sind geordnet

Beispiel:

```
Vorname : String[*] {ordered}
```

Abgeleitete Attribute. Eine besondere Variante sind die so genannten abgeleiteten Attribute. Diese sind innerhalb eines Objektes nicht physisch durch einen Wert repräsentiert, sondern werden automatisch berechnet. Die Berechnungsvorschrift wird in Form einer Zusicherung angegeben. Für abgeleitete Attribute kann ebenfalls ein Typ angegeben werden. Die Angabe eines Intialwertes entfällt bei abgeleiteten Attributen, die Angabe eines Eigenschaftswertes ist normalerweise auch entbehrlich.

Abgeleitete Attribute

Abgeleitete Attribute sind grundsätzlich nicht direkt änderbar. Da Attribute sowieso nicht direkt änderbar sein sollten, können abgeleitete Attribute grundsätzlich auch durch entsprechende Operationen realisiert werden. Abgeleitete Attribute sollten nur von objektinternen Elementen abgeleitet werden und ohne Zugriffe auf benachbarte Objekte auskommen. Andernfalls sollten besser entsprechende Berechnungsoperationen definiert werden.

caching Performanz

Sinnvoll ist die Definition abgeleiteter Attribute, um zu kennzeichnen, dass das Zwischenspeichern (engl. *caching*) von Werten an dieser Stelle sinnvoll ist. Üblicherweise wird man dies immer dort vorsehen, wo aus Performanzgründen Berechnungen nicht unnötig wiederholt werden sollen.

Klassenattribute

Klassenattribute (Klassenvariablen) gehören nicht einem einzelnen Objekt, sondern sind Attribut einer Klasse (gilt z.B. für Smalltalk). Das heißt, alle Objekte dieser Klasse können auf ein solches gemeinsames Klassenattribut zugreifen. Klassenattribute können beispielsweise dazu verwendet werden, die erzeugten Objekte einer Klasse zu zählen oder zu nummerieren. Mit jedem neuen erzeugten Objekt dieser Klasse wird zum Beispiel ein Zähler inkrementiert.

Sichtbarkeitskennzeichen: public, protected, private

Sichtbarkeit. Je nach Programmiersprache kann auch die äußere Sichtbarkeit von Attributen eingeschränkt werden. In Smalltalk erübrigt sich dies, weil Attribute grundsätzlich nur durch das Objekt selbst anzusprechen sind; alle Zugriffe von außen sind nur über Operationen möglich. Die Zugriffsmöglichkeiten können folgendermaßen deklariert werden:

Zugriffsrestriktion

- *public*: für alle sichtbar und benutzbar.
- *protected*: Die Klasse selbst, ihre Unterklassen sowie die als *friend*[4] deklarierten Klassen haben Zugriff.
- *private*: Nur die Klasse selbst und die als *friend* deklarierten Klassen kommen an private Attribute heran.
- *package*: Nur die Klassen im gleichen Paket haben Zugriff auf private Attribute.

[4] *Friend* ist ein aus C++ bekannter Mechanismus, mit dem eine Klasse ausgewählten anderen Klassen Zugriffsrechte gewähren kann.

Attribute sollten grundsätzlich nur durch die Klasse, in der sie definiert sind, verwendet werden. Andere Klassen (Ober-, Unter- und assoziierte Klassen) sollten stets nur über Operationen auf sie zugreifen (*private*).

Notation

Attributnamen beginnen mit Kleinbuchstaben, Klassennamen (genauer: Typnamen) mit Großbuchstaben, Eigenschaftswerte und Zusicherungen stehen in geschweiften Klammern.

```
«Stereotyp» Sichtbarkeit attributname:
  Paket::Typ [Multiplizität] = Initialwert {Eigenschaftswerte}
```

Abgeleitete Attribute werden durch einen vorangestellten Schrägstrich „/" gekennzeichnet. Klassenattribute werden unterstrichen und Sichtbarkeitsangaben wie *public, protected, private* und *package* werden mit „+", „#", „-" und „~" gekennzeichnet.

Klassenoperationen

```
+publicAttribut                /abgeleitetesAttribut
#protectedAttribut             klassenAttribut
-privateAttribut
~packageAttribut
```

Abb. 2.2-13: Sichtbarkeits- und andere Kennzeichen für Attribute

Innerhalb einer Klasse werden die Attribute durch eine horizontale Linie vom Klassennamen getrennt und stehen somit in einer anderen Abteilung innerhalb des Klassenrechteckes.

Beispiele

```
name : String = ´Unbekannt´
gebDatum : Date
radius : Integer = 25 {readonly}
/alter : Integer {alter = today - gebDatum}
defaultName = ´Noname´
-versionsNr : Integer
-counter : Integer
time : DateTime::Time
dynamArray[*] {ordered}
name : String[1]
vorname : String[0..1]
vornamen : String[1..5]
```

2.2.7 Operation

Verwandte Begriffe: *Methode*, *Service*, *Prozedur*, *Routine*, *Funktion*, *Botschaft*, *Nachricht*, engl. *message*, *Dienstleistung*.

Definition

Nachricht
Operation
Methode

Operationen sind Dienstleistungen, die von einem Objekt angefordert werden können, sie werden durch ihre Signatur beschrieben (Operationsname, Parameter, ggf. Rückgabetyp).

UML-Versionshinweis

1.x

Die Trennung von *Operation* und *Methode* (als Implementierung einer Operation) ist in UML 2.1 weitgehend aufgehoben.

Beschreibung

Signatur
Parameter
Attribute ⇨58

Eine Nachricht besteht aus einem Selektor (einem Namen), einer Liste von Argumenten und geht an genau einen Empfänger. Der Sender einer Nachricht erhält i.d.R. genau ein Antwortobjekt zurück. Eine Operation trägt eine innerhalb einer Klassendefinition eindeutige *Signatur*, die sich aus dem Namen der Operation, eventuell vorhandenen Parametern (Argumenten) und einem eventuell vorhandenen Rückgabewert (Funktionsergebnis) zusammensetzt. Die Parameter einer Operation entsprechen in ihrer Definition den Attributen, d.h. sie tragen einen Namen und gegebenenfalls weitere Angaben zum Typ und Standardwert.

Zusicherungen ⇨146

Operationen können mit *Zusicherungen* versehen werden, die beispielsweise beschreiben, welche Bedingungen beim Aufruf erfüllt sein müssen oder welche Werte die Argumente besitzen dürfen.

Richtung = {in, out, inout}

Die Argumente von Operationen können mit den Schlüsselwörtern *in*, *out* und *inout* gekennzeichnet werden, je nachdem ob die Daten in die Operation nur hinein, nur hinaus oder hinein und hinaus gegeben werden.

Eigenschaftswerte ⇨70
{deprecated}

Mit Hilfe von *Eigenschaftswerten* können weitere besondere Eigenschaften beschrieben werden. Eigenschaftswerte sind zum Beispiel *{abstract}*, um anzuzeigen, dass es sich um eine abstrakte Operation handelt, oder *{deprecated}*, um auszudrücken, dass diese Operation nur noch zur Kompatibilität mit früheren Versionen existiert und ansonsten nicht mehr verwendet werden soll.

Abstrakte
Operationen

Abstrakte Klassen ⇨55

Abstrakte Operationen sind solche, die nur durch ihre Signatur repräsentiert werden und deren Implementierung erst in einer Unterklasse stattfindet. In C++ werden abstrakte Operationen auch rein virtuelle Operationen genannt.

Abstrakte Operationen kann es nur in abstrakten Klassen geben. Abstrakte Operationen, die nicht in einer Unterklasse wiederholt und dort implementiert werden, sind sinnlos.

Operationen, die keine Seiteneffekte haben, d.h. den Zustand des Objektes oder anderer Objekte nicht verändern, können mit {query} versehen werden. Operationen, die als globale Prozedur verwendet werden, also unabhängig von dem konkreten Objekt, über das sie aufgerufen werden, werden als {static} gekennzeichnet.

Query

Static

Objekte kommunizieren untereinander durch den Austausch von Nachrichten (Botschaften). Jedes Objekt versteht genau die Nachrichten, zu denen es eine entsprechende Operation besitzt (daher werden die Begriffe Operation und Nachricht häufig synonym benutzt, was jedoch nicht richtig ist). Jedoch kann in den Klassen, die ein Objekt definieren, diese Operation mehrfach definiert sein.

Unterschied Nachricht/Operation

Notation

Die Signatur einer Operation sieht wie folgt aus:

```
«Stereotyp» Sichtbarkeit operationsname
  (Richtung argument : Argumenttyp [Multiplizität] =
  Standardwert {Eigenschaftswerte}, ...): Rückgabetyp {Eigen-
schaftswerte}
```

Beispiel für die Operation *setPosition* der Klasse *Kreis*:

```
+ setPosition(in x : Integer = 1, in y : Integer = 1): Boolean
{abstract}
```

Der Name der Operation beginnt mit einem Kleinbuchstaben. Ein Argument trägt einen mit einem Kleinbuchstaben beginnenden Namen und wird eventuell durch die Nennung eines Datentyps bzw. einer Klasse näher beschrieben. Zwischen Argumentname und -typ steht in diesem Fall ein Doppelpunkt. Für Argumente kann ein Standardwert angegeben werden, was jedoch nur bei der Verwendung von Programmiersprachen mit optionaler Parameterübergabe sinnvoll ist. Der Rumpf einer Operation enthält den Code zur Implementierung und ist deswegen programmiersprachenspezifisch.

Eigenschaftswerte stehen in geschweiften Klammern. Abstrakte Operationen werden wahlweise kursiv gesetzt oder erhalten den Eigenschaftswert *{abstrakt}*:

anzeigen()

```
anzeigen() {abstrakt}
```

Zusicherungen zu Operationen sind separat zu notieren. Beispiel für eine OCL-Zusicherung zu dieser Operation:

Zusicherungen, OCL ⇨146

Abstrakte Operationen

```
context Kreis::setPosition(x : Integer, y : Integer)
  pre: (x > 0) and (y > 0)
```

Klassenoperationen (z.B. in Smalltalk) werden durch Unterstreichung gekennzeichnet.

Zugriffsrestriktion

Sichtbarkeit. Je nach Programmiersprache kann auch die äußere Sichtbarkeit von Operationen eingeschränkt werden. Die Zugriffsmöglichkeiten können folgendermaßen deklariert werden: [5]

- *public*: für alle sichtbar und benutzbar.
- *protected*: Die Klasse selbst, ihre Unterklassen sowie die als *friend*[6] deklarierten Klassen haben Zugriff.
- *private*: Nur die Klasse selbst und die als *friend* deklarierten Klassen kommen an private Attribute heran.
- *package*: Nur die Klassen im gleichen Paket haben Zugriff auf private Attribute.

Sichtbarkeitskennzeichen

Die äußere Sichtbarkeit von Operationen durch ein vorangestelltes Sonderzeichen:

```
+publicOperation()
#protectedOperation()
-privateOperation()
~packageOperation()
```

Abb. 2.2-14: Notation von Sichtbarkeitskennzeichen

Beispiele

Vgl. Klasse ⇨51

```
getPosition(x, y)
getPosition(out x : Integer, out y : Integer)
vergroessern(umFaktor : Real): GeomFigur
+addRufnummer(rufnummer : String, art : Rufart = #Fax)
einzahlen(in betrag : Betrag):Betrag
#freigeben():Vertragsstatus
«create» create()
```

2.2.8 Verantwortlichkeit

Verwandte Begriffe: engl. *responsibility*, *Aufgabe*, *Zweck.*

Definition

Verantwortlichkeit beschreibt, für welche fachlichen Aufgaben eine Klasse verantwortlich ist.

Notation

Viele Modellierungswerkzeuge bieten die Möglichkeit, zu jedem Modellelement eine Kurzbeschreibung anzugeben, dort lassen sich auch Verant-

[5] Die Bedeutung dieser Schlüsselwörter in C++ und Java decken sich nicht ganz, verwenden Sie am besten die Bedeutung aus der von Ihnen eingesetzten Programmiersprache.

[6] *Friend* ist ein aus C++ bekannter Mechanismus, mit dem eine Klasse ausgewählten anderen Klassen Zugriffsrechte gewähren kann.

wortlichkeiten beschreiben. Die Verantwortlichkeiten können in einer eigenen Abteilung der Klasse oder alternativ mit einem Notizfeld notiert werden.

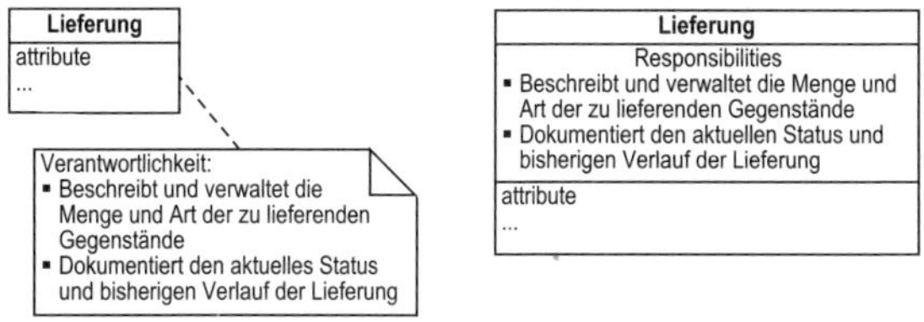

Abb. 2.2-15: Notation von Verantwortlichkeiten in einer Klasse

Erläuterung

Bevor Klassen im Detail modelliert werden, ist es sinnvoll, die Verantwortlichkeit der Klasse zu definieren. Zwar handelt es sich hier um verhältnismäßig unscharfe und abstrakte natürlichsprachige Beschreibungen, aber sie betreffen eines der wichtigsten objektorientierten Prinzipien, das Verantwortlichkeitsprinzip.

Alle in objektorientierten Modellen repräsentierten fachlichen Sachverhalte sind letztendlich genau einer Klasse zuzuordnen. Operationen, Attribute, Geschäftsregeln, Zusicherungen, Assoziationen etc. gehören spätestens in der Realisierung in den Verantwortungsbereich genau einer Klasse. Eine Klasse sollte möglichst nur für einen fachlichen Zusammenhang verantwortlich sein, weil sonst mehr Abhängigkeiten und somit ein instabileres Gesamtdesign entstehen würde.

2.2.9 Enumeration

Verwandte Begriffe: *Aufzählungsmenge*, *Wertemenge*, *Schlüsseltabelle*.

Definition

Eine Enumeration ist eine Menge fester Werte ohne weitere Eigenschaften.

Beschreibung

Enumerationen können verwendet werden, um Aufzählungsmengen, beispielsweise Farben, Statusbezeichnungen, Familienstände etc. ohne weitere Konkretisierung zu notieren.

Notation

Enumerationen werden dargestellt wie Klassen, jedoch enthalten sie gewöhnlich nur eine Rubrik mit den Aufzählungswerten.

Abb. 2.2-16: Notation einer Enumeration

2.2.10 Schnittstellen

Verwandte Begriffe: engl. *interface, interface class*, *Schnittstellenklasse.*

Definition

Schnittstellen beschreiben mit einer Menge von Signaturen und Attributen einen ausgewählten Teil des extern sichtbaren Verhaltens und der extern sichtbaren Struktur von Modellelementen (hauptsächlich von Klassen und Komponenten).

Es werden bereitgestellte und benötigte Schnittstellen unterschieden. Eine bereitgestellte Schnittstelle wird von einem Modellelement angeboten und kann von anderen verwendet werden. Eine angeforderte Schnittstelle ist eine von einem anderen Modellelement benötigte Schnittstelle.

Beschreibung

Schnittstellenklasse

Schnittstellen sind Spezifikationen des externen Verhaltens von Klassen (oder anderer Elemente) und beinhalten eine Menge von Signaturen für Operationen sowie Attributen, die Klassen (o.a.), die diese Schnittstelle bereitstellen wollen, implementieren müssen.

Schnittstellen sind mit dem Schlüsselwort *«interface»* gekennzeichnet.

Abb. 2.2-17: *String* realisiert die Schnittstelle *Sortierbar*

Gewöhnliche Klassen, die eine Schnittstelle implementieren wollen, müssen alle in der zugehörigen Schnittstellenklasse definierten Operationen implementieren. Die in der Schnittstelle definierten Operationen sind de facto abstrakte Operationen.

Realisierungsbeziehung ⇨95

Eine gewöhnliche Klasse kann mehrere Schnittstellen implementieren und darüber hinaus weitere Eigenschaften enthalten. Anders ausgedrückt: Eine Schnittstelle beschreibt in der Regel eine Untermenge der Operationen einer

Klasse. Zwischen implementierender Klasse und Schnittstellenklasse besteht eine Realisierungsbeziehung (Schlüsselwort *«realize»*).

Schnittstellenklassen können andere Schnittstellen erweitern, d.h. Vererbungsbeziehungen zwischen Schnittstellenklassen sind möglich. Es wird hierbei die normale Generalisierungsbeziehung verwendet. Dabei ist zu beachten, dass nur weitere Operationen zugefügt werden können.

Erweiterung von Schnittstellen mit Generalisierung ⇨76

Es ist nicht möglich, die Semantik der Schnittstellen-Oberklasse einzuschränken. Alle Invarianten müssen beibehalten werden. Weitere Invarianten können hinzugefügt werden. Ebenso können Einschränkungen auf Parametern und Rückgabetypen gemacht werden.

Eine Schnittstellenklasse kann mehrere andere Schnittstellen erweitern, d.h. mehrere Oberklassen haben. Da hier nur Mengen von Signaturen zusammengefasst werden, ist dies im Gegensatz zur Mehrfachvererbung bei gewöhnlichen Klassen unproblematisch.

Mehrfachvererbung ⇨79, 80

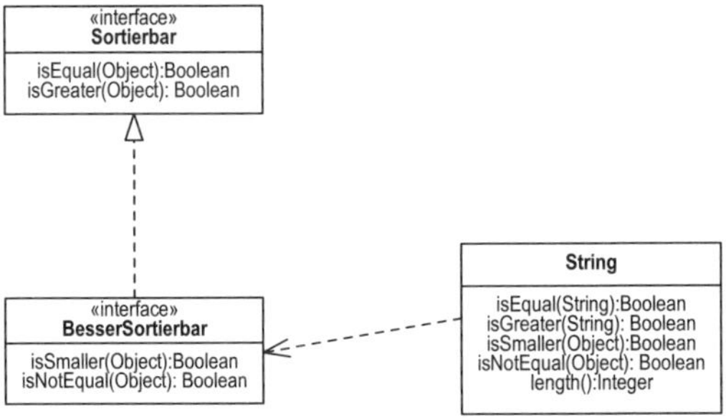

Abb. 2.2-18: Erweiterung und Realisierung von Schnittstellen

Gewöhnliche Klassen können mehrere Schnittstellen implementieren, wobei zu beachten ist, dass die verschiedenen Schnittstellen keine gleichlautenden Signaturen beinhalten sollten, da es nicht zwingend wäre, dass auch ihre Semantik gleichlautend definiert ist.

In jedem Fall müssen die zu implementierenden Schnittstellen zueinander widerspruchsfrei sein. Dies lässt sich unter anderem dadurch erreichen, dass Gemeinsamkeiten in Schnittstellenklassen herausfaktorisiert werden.

Attribute und Assoziationen von Schnittstellen

Attribute gehören im strengeren Sinne nicht in Schnittstellen hinein, da Attribute etwas Internes darstellen und von außen nur über Operationen angesprochen werden sollten. Die UML erlaubt dennoch Attribute in Schnittstellen. Dementsprechend sind auch Assoziationen zwischen Schnittstellen oder zu Klassen zulässig. Werden Attribute in der Schnittstelle definiert, muss sich die implementierende Klasse so verhalten, als würde sie die Attribute besitzen – was zugegebenermaßen eine sehr unscharfe Forderung darstellt. Gewöhnlich genügt es, die entsprechenden getAttribut()- und setAttrbut()-Methoden anzubieten – aber was ist, wenn beispielsweise das Attribut, jedoch bewusst nicht die zugehörige Set-Methode in der Schnittstelle definiert ist?

Zusicherungen, OCL ⇨146

Um das Schnittstellenkonzept noch etwas mächtiger zu machen, kann man in der Praxis für jede in einer Schnittstelle definierte Signatur beispielsweise folgende Zusicherungen zusätzlich spezifizieren:

- Vorbedingung
  Beschreibung der Bedingungen, die vor dem Aufruf der Operation erfüllt sein müssen und die von der Operation (stillschweigend) vorausgesetzt werden können. Die UML kennt und erlaubt eine Vorbedingung.
- Nachbedingung
  Beschreibung der Bedingungen, die bei Beendigung der Operation erfüllt sein müssen. Die UML kennt und erlaubt eine Nachbedingung.
- Invarianten
  Beschreibung der Bedingungen, die stets erfüllt sein müssen. Die UML kennt und erlaubt *eine* Invariante.
- Ausnahmen
  Benennung der Ausnahmen (engl. *exceptions*), die von einer Operation ausgelöst werden können. Dies ist kein UML-Standard, für den Benutzer einer Schnittstelle aber eine wichtige Information.

Zur Notation dieser Zusicherungen eignen sich beispielsweise OCL-Ausdrücke in folgender Form (*throws* ist kein OCL-Standard):

```
context Interfacename
  inv:    ... (boolescher Ausdruck für Invariante)
  pre:    ... (boolescher Ausdruck für Vorbedingung)
  post:   ... (boolescher Ausdruck für Nachbedingung)
  throws: ... (Liste der Ausnahmen/Exceptions)
```

Notation

Schnittstellenklassen werden wie gewöhnliche Klassen notiert, sie tragen jedoch das Schlüsselwort *«interface»*. Eine Abteilung für Attribute ist erlaubt, jedoch meistens nicht vorhanden, da Schnittstellen normalerweise nur Operationen enthalten.

Bereitgestellte Schnittstelle

Für eine bereitgestellte Schnittstelle ist es notwendig, dass das bereitstellende Element eine Realisierungsbeziehung zu der Schnittstelle besitzt. Die andere Möglichkeit, die Implementierung einer Schnittstelle darzustellen, ist ein kleiner nicht ausgefüllter Kreis, der durch eine Linie mit der Klasse verbunden ist, die die Schnittstelle anbietet. Dies soll einen Stecker symbolisieren. Daneben wird der Name der Schnittstelle genannt; er entspricht dem Namen der zugehörigen Schnittstellenklasse.

Bei der Schreibweise mit der Realisierungsbeziehung besteht die Möglichkeit, die durch die Schnittstellenklasse geforderten Operationen abzulesen. Bei der Kurznotation sieht man die von der Schnittstelle geforderten Operationen nicht, sondern nur den Namen der Schnittstellenklasse.

Für eine angeforderte Schnittstelle besitzt das anfordernde Element eine Abhängigkeitsbeziehung zu der Schnittstelle. Auch hierfür gibt es eine Kurznotation, jedoch handelt es sich hierbei um einen Halbkreis am Stiel. Dies soll eine Buchse symbolisieren.

Angeforderte Schnittstelle

Bereitstellung und Anforderung einer Schnittstelle können über eine Abhängigkeitsbeziehung miteinander verbunden werden. Das direkte Zusammenstecken von Stecker und Buchse sieht die UML in einem Klassendiagramm derzeit nicht vor.

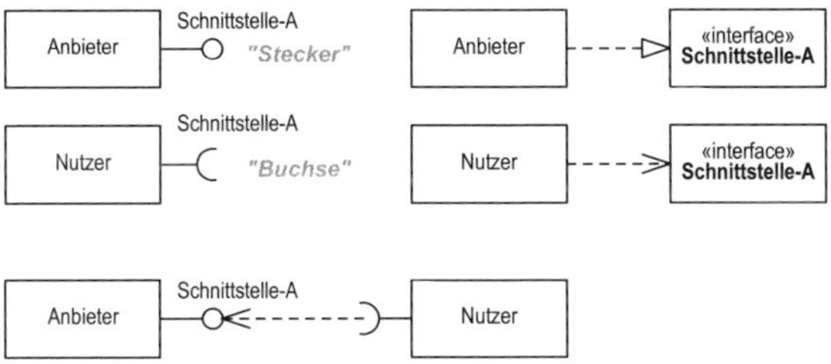

Abb. 2.2-19: Notationsmöglichkeiten für Schnittstellen, Schnittstellennutzung und Schnittstellenbereitstellung

Wie in der Abb. 2.2-18 gezeigt, können Schnittstellen andere Schnittstellen erweitern, hierzu wird eine Vererbungsbeziehung mit Pfeil in Richtung auf die zu erweiternde Schnittstellenklasse gezeichnet.

Beispiel

Die Abb. 2.2-17 zeigt, dass die Klasse *String* die Schnittstelle *Sortierbar* implementiert. Die Schnittstelle *Sortierbar* fordert zwei Operationen: *isEqual()* und *isGreater()*. Objekte, die über diese beiden Operationen verfügen, können sortiert werden. Die Klasse *String* erfüllt die Anforderungen für diese Schnittstelle, da sie unter anderem über die beiden geforderten Operationen verfügt.

Die Abb. 2.2-20 zeigt die Klasse *String*, die eine Schnittstelle mit dem Namen *Sortierbar* anbietet. Diese Schnittstelle wird von der Klasse *SortierteStringListe* genutzt. Das heißt, *SortierteStringListe* nutzt die Eigenschaften von *String*, die in der Schnittstellenklasse *Sortierbar* definiert sind.

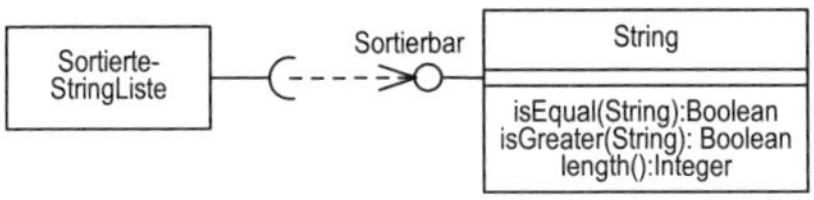

Abb. 2.2-20: Beispiel einer Schnittstellenabhängigkeit

Die Definition von Schnittstellen ist hilfreich, um die Kopplung zwischen Klassen zu explizieren und zu reduzieren. Im obigen Beispiel etwa ist die Schnittstellennutzerin *SortierteStringListe* nur von zwei speziellen Operationen der Klasse *String* abhängig.

Alle übrigen Operationen der Klasse *String* könnten ohne Beeinträchtigung der Sortierbarkeit verändert werden. Eine Information, die man sonst nur durch intensives Studium der Klasse *SortierteStringListe* gewonnen hätte.

In streng typisierten Sprachen wie Java ist die Modellierung solcher Abhängigkeiten gewöhnlich nicht wichtig, der Compiler führt Typprüfungen durch. In dynamisch typisierenden Sprachen wie Smalltalk kann dies interessant sein, um den Export von Schnittstellen und Typen restriktiv zu handhaben.

UML-Versionshinweis

1.x

Bis zur UML 1.x konnten Schnittstellen ebenso bereitgestellt werden, die Anforderung einer Schnittstelle war jedoch nur mittels einer Abhängigkeitsbeziehung darstellbar. Das Buchsen-Symbol zur Anforderung ist neu in UML 2.x.

Schnittstellen dürfen ab UML 2.0 neben (abstrakten) Operationen nun auch Attribute beinhalten. Diese Möglichkeit scheint aber eher ein Zugeständnis an bestimmte Komponententechnologien zu sein und sollte konzeptionell möglichst nicht genutzt werden.

2.2.11 Eigenschaftswert

Verwandte Begriffe: engl. *property string*, engl. *tagged value*, *Merkmal, Charakteristikum*, *Zusicherung*, Stereotypattribut.

1.x

Das Konstrukt Eigenschaftswert, so wie es aus der UML 1.x bekannt ist, gibt es streng genommen nicht mehr, auch wenn die Handhabung von Stereotypen, Schlüsselwörtern u.Ä. ab UML 2.0 auf dem ersten Blick ähnlich aussieht.

Die in der Praxis relevanten und in diesem Buch verwendeten Eigenschaftswerte (in der UML 2.x *Property Strings* genannt) werden jeweils in Zusammenhang mit den jeweiligen Modellelementen (bspw. Klassen, Attribute, Operationen) erläutert.

Property Strings sind zu unterscheiden von den Stereotypattributen (im Original *Tagged Values* genannt).

Ein tieferes Verständnis dieser Zusammenhänge ist nur im Kontext des UML-Metamodells möglich, siehe daher [Weilkiens2004].

2.2.12 Stereotyp

Verwandte Begriffe: *Metamodell-Erweiterungen*, *Verwendungskontext*, *Zusicherung*, *Eigenschaftswert*.

Definition

Metamodell-Erweiterung

Stereotypen sind formale Erweiterungen vorhandener Modellelemente des UML-Metamodelles. Entsprechend der mit der Erweiterung definierten Semantik wird das Modellierungselement, auf das es angewendet wird, direkt semantisch beeinflusst.

Stereotypen führen kein neues Modellelement im Metamodell ein, sondern versehen ein bestehendes mit zusätzlicher Semantik.

Beschreibung

Das Konzept der Stereotypen ist insgesamt nicht trivial. Es zu verstehen bedarf tieferer Einblicke ins Metamodell der UML, was nicht Gegenstand dieses Buches ist. Daher werden hier lediglich die wichtigsten Aspekte dargestellt.

Stereotypen klassifizieren die möglichen Verwendungen eines Modellelementes. Dabei handelt es sich nicht um die Modellierung von Metaklassen, vielmehr werden einem oder mehreren Modellelementen bestimmte gemeinsame Eigenheiten zugeschrieben.

Multiple Stereotypisierung

Ein Modellierungselement kann mit mehreren Stereotypen klassifiziert werden. Auch die visuelle Darstellung eines Elementes kann durch die Zuordnung von Stereotypen beeinflusst werden.

Prinzipiell alle Modellelemente, also sowohl Attribute, Operationen, Beziehungen, Aktionen, Zustände etc., können mit Stereotypen versehen werden.

Stereotypattribute

Stereotypen können Attribute haben, um so zusätzliche Informationen zu speichern.

Die Standard-Stereotypen der UML sind in drei Gruppen entsprechend der verschiedenen UML-Ebenen eingeteilt. In Abb. 2.2-24 werden unabhängig von den Ebenen die wichtigsten Standard-Stereotypen aufgeführt.

Notation

Notation

Das Stereotyp wird jeweils vor bzw. über dem Elementnamen (z.B. Klassennamen) platziert und in doppelte spitze Klammern («») geschlossen. Die Zeichen « und » sind jeweils nur *ein* Zeichen und nicht zu verwechseln mit zwei aufeinander folgenden Größer- oder Kleiner-Zeichen (also nicht „<<“ oder „>>“).

Nicht jedes Vorkommen dieser Notation bedeutet, dass es sich um ein Stereotyp handelt. Auch vordefinierte Schlüsselwörter der UML werden in doppelte spitze Klammern geschlossen.

Grafische Symbole

Alternativ zu dieser rein textuellen Notation können spezielle Symbole verwendet werden, siehe die Beispiele in Abb. 2.2-21 mit den Stereotypen *«control»*, *«boundary»* und *«entity»*.

Außerdem steht es Werkzeugen frei, spezielle farbliche oder andere visuelle Unterscheidungen zu benutzen.

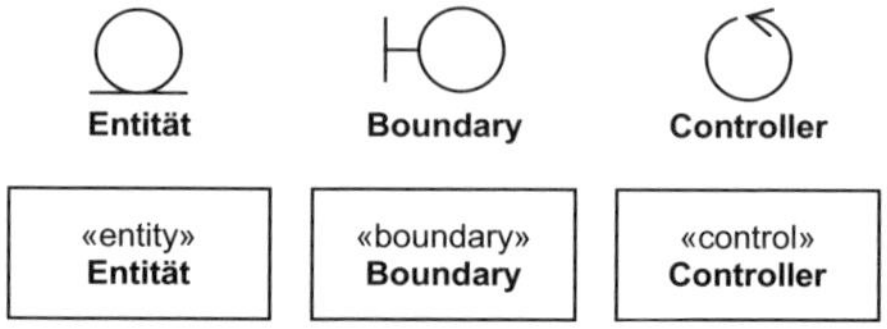

Abb. 2.2-21: Visuelle und textuelle Stereotypen

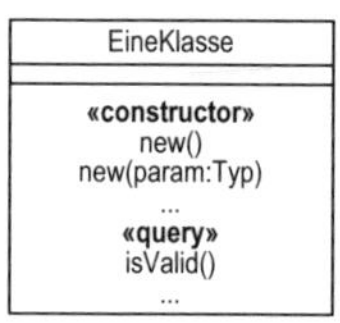

Abb. 2.2-22: Gruppierung von Operationen (ebenso für Attribute möglich) nach Stereotypen.

Stereotypdeklaration

In vielen UML-Modellierungswerkzeugen können neue Stereotypen sehr einfach durch Eingabe eines entsprechenden Namens „definiert" werden. Zu einem Stereotyp gehört jedoch eine konkrete Spezifikation der Semantik, beispielsweise:

Abb. 2.2-23: Stereotyp-Spezifikation

UML-Versionshinweis

1.x

Bis UML 1.3 konnte ein Modellelement nur ein Stereotyp tragen, nun können es beliebig viele sein.

Standard-Stereotypen der UML (Auszug)

Stereotyp	UML Element	Beschreibung
«call»	Abhängigkeit (Usage)	Aufrufabhängigkeit zwischen Operationen oder Klassen.
«create»	Abhängigkeit (Usage)	Quellelement erstellt Instanzen des Zielelementes.
«instantiate»	Abhängigkeit (Usage)	Quellelement erstellt Instanzen des Zielelementes. (Achtung: Diese Beschreibung ist identisch mit der von «create». Dies war zu Redaktionsschluss dieses Buches noch ein offener Punkt der Spezifikation.)
«responsibility»	Abhängigkeit (Usage)	Quellelement ist verantwortlich für das Zielelement.
«send»	Abhängigkeit (Usage)	Quellelement ist eine Operation, Zielelement ist ein Signal, welches von der Operation gesendet wird.
«derive»	Abstraktion	Quellelement kann bspw. durch eine Berechnung vom Zielelement abgeleitet werden.
«refine»	Abstraktion	Verfeinerungsbeziehung, z.B. zwischen einem Design- und zugehörigem Analyseelement.
«trace»	Abstraktion	Zur Verfolgbarkeit von Anforderungen.
«script»	Artefakt	Skriptdatei (ausführbar auf einem Computer).
«auxiliary»	Klasse	Klassen, die andere Klassen («focus») unterstützen. Fokus-Klassen enthalten die primäre Logik.
«focus»	Klasse	Siehe «auxiliary».
«implementationClass»	Klasse	Implementierungsklasse speziell für eine Programmiersprache, wobei ein Objekt nur zu einer Klasse gehören darf.
«metaclass»	Klasse	Klasse, deren Instanzen wiederum Klassen sind.
«type»	Klasse	Typen definieren eine Menge von Operationen und Attributen und sind in der Regel abstrakt.
«utility»	Klasse	Hilfsklassen sind Sammlungen von globalen Variablen und Funktionen, die zu einer Klasse zusammengefasst und dort als Klassenattribute/-operationen definiert sind.
«buildComponent»	Komponente	Organisatorisch motivierte Komponente.
«implement»	Komponente	Komponente, die keine Spezifikation enthält, sondern nur Implementierung.
«framework»	Paket	Paket, das Framework-Elemente enthält.
«modelLibrary»	Paket	Paket, das Modellelemente enthält, die in anderen Paketen wiederverwendet werden.
«create»	Verhaltenseigenschaft (BehavioralFeature)	Eigenschaft, die Instanzen der Klasse erzeugt, zu der sie gehört (z.B. Konstruktor).
«destroy»	Verhaltenseigenschaft (BehavioralFeature)	Eigenschaft, die Instanzen der Klasse zerstört, zu der sie gehört (z.B. Destruktor).

Abb. 2.2-24: Wichtige Standard-Stereotypen

2.2.13 Notiz

Verwandte Begriffe: *Annotation, Kommentar*, engl. *note*, engl. *comment*.

Definition

Notizen sind Kommentare zu einem Modellelement oder Diagramm ohne semantische Wirkung.

Beschreibung

Mit Notizen können Anmerkungen, Kommentare, Erläuterungen und zusätzliche Beschreibungstexte zu beliebigen UML-Modellelementen gemacht werden, beispielsweise zu Klassen, Attributen, Operationen, Beziehungen u.Ä.

Notation, Beispiel

Beispiel Zusicherung ⇨148

Notizen werden durch Rechtecke mit einem Eselsohr dargestellt, die einen Text enthalten. Die Notizen werden mit einer gestrichelten Linie mit dem Modellelement verbunden, auf welches sich die Notiz bezieht, beispielsweise zu einem Attribut. Die Linie darf weggelassen werden, wenn der Kontext eindeutig oder unbedeutend ist.

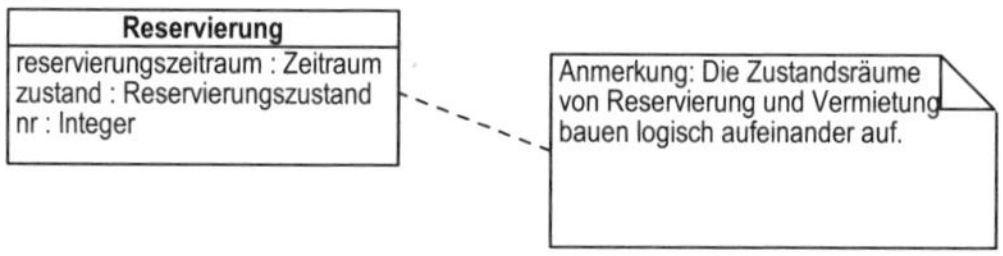

Abb. 2.2-25: Annotation zu Modellelementen

UML-Notationshinweis

1.x

Ab UML 2.0 werden Notizen auch verstärkt dazu eingesetzt, semantische Zusatzbeschreibungen zu notieren, beispielsweise Zusicherungen. Dies wurde jedoch in Profilen der OMG bereits vorher praktiziert.

Die Notiz ist ein semantisch sehr schwaches Konstrukt und sollte dementsprechend nicht für semantisch starke Aussagen verwendet werden. Zusicherungen können in der UML wie eine Notiz dargestellt werden, stellen jedoch ein eigenes (stärkeres) Modellelement dar.

2.3 Beziehungselemente

Die einzelnen Elemente der Unified Modeling Language zur Darstellung statischer Modellsachverhalte werden hier detailliert erläutert – jeweils gegliedert in Definition, Beschreibung, Notation und Beispiel.

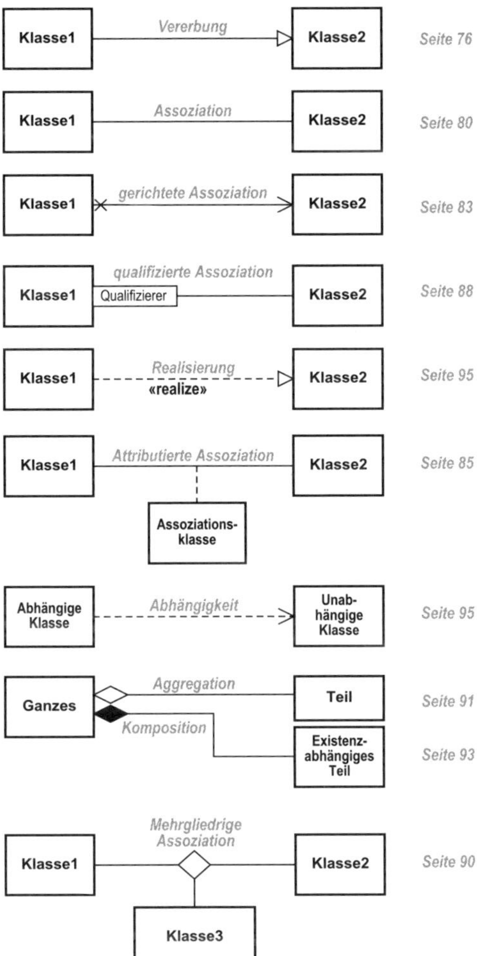

Abb. 2.3-1: Die wichtigsten Beziehungsarten in der Übersicht

2.3.1 Generalisierung, Spezialisierung

Verwandte Begriffe: engl. *inheritance*, *Vererbung*, *Konkretisierung*.

Definition

Mechanismus (Vererbung)

Vererbung ist ein Programmiersprachenkonzept, d.h. ein Umsetzungsmechanismus für die Relation zwischen Ober- und Unterklasse, wodurch Attribute und Operationen der Oberklasse auch den Unterklassen zugänglich gemacht werden.

Strukturprinzip (Generalisierung, Spezialisierung)

Generalisierung und Spezialisierung sind Abstraktionsprinzipien zur hierarchischen Strukturierung der Semantik eines Modells.

Eine Generalisierung (bzw. Spezialisierung) ist eine taxonomische[7] Beziehung zwischen einem allgemeinen und einem speziellen Element (bzw. umgekehrt), wobei das speziellere weitere Eigenschaften hinzufügt und sich kompatibel zum allgemeinen verhält.

Beschreibung

Oberklasse Unterklasse

Bei der Generalisierung bzw. Spezialisierung werden Eigenschaften hierarchisch gegliedert, d.h. Eigenschaften allgemeinerer Bedeutung werden allgemeineren Klassen (Oberklassen) zugeordnet und speziellere Eigenschaften werden Klassen zugeordnet, die den allgemeineren untergeordnet sind (Unterklassen). Die Eigenschaften der Oberklassen werden an die entsprechenden Unterklassen weitergegeben, d.h. vererbt. Eine Unterklasse verfügt demnach über die in ihr spezifizierten Eigenschaften sowie über die Eigenschaften ihrer Oberklasse(n). Unterklassen erben alle Eigenschaften ihrer Oberklassen, können diese überschreiben und erweitern, jedoch nicht eliminieren bzw. unterdrücken.

Diskriminator

Die Unterscheidung in Ober- und Unterklassen erfolgt häufig aufgrund eines Diskriminator genannten Unterscheidungsmerkmales, d.h. eines Charakteristikums. Der Diskriminator (auch: *Generalization Set Name*) bezeichnet den für die hierarchische Strukturierung der Eigenschaften maßgeblichen Aspekt. Dieser ist nicht von selbst gegeben, sondern das Ergebnis einer Modellierungsentscheidung. Beispielsweise könnte man Fahrzeuge aufgrund des Diskriminators *Antriebsart* untergliedern (*Verbrennungsmaschine, Elektrisch, Pferdekraft*). Ebenso aber auch aufgrund des *Fortbewegungsmediums* (*Luft, Wasser, Schiene, Straße*).

Ob und welcher Diskriminator gewählt wird, hängt vom semantischen Gehalt der Generalisierungsrelation ab. Sofern die erstellten Unterklassen als Elemente einer definierten Aufzählungsmenge betrachtet werden können (Luft, Wasser, ...), ist der Diskriminator meistens nahe liegend. Es ist hilf-

[7] Griech., *taxis*: „Anordnung“; Taxonomie: „Einordnung in ein System“.

reich, sich den Diskriminator während des Modellierens explizit zu vergegenwärtigen und ihn auch in die grafische oder textuelle Modellbeschreibung aufzunehmen. Die Wahl des Diskriminators ist dann eine dokumentierte Entwurfsentscheidung.

Die Gesamtheit der Unterklassen, die auf demselben Diskriminator beruhen, wird Generalisierungsmenge oder Partition genannt.

Partition, Generalisierungsmenge

Innerhalb der Klassenhierarchie werden die Attribute und Operationen in genau den Klassen angesiedelt, in denen sie wirklich eine Eigenschaft der Klasse darstellen. Dabei kann es sich auch um eine abstrakte Eigenschaft handeln.

Andersherum ausgedrückt wird ein Attribut oder eine Operation nicht allein deswegen in einer Klasse angesiedelt, um deren Wiederverwendung in abgeleiteten Unterklassen zu betreiben – auch wenn dies in der Regel der Effekt dieser hierarchischen Strukturierung ist. Ähnlich verhält es sich mit Optimierungs- und Normalisierungseffekten, wie sie von der Datenmodellierung (ERM) her bekannt sind. Entscheidend ist die unterstellte Semantik und die den Klassen zugeschriebene Verantwortlichkeit.

Der Diskriminator ist quasi ein virtuelles Attribut möglicher konkreter Objekte. Er erscheint zwar in keiner Klasse als Attribut, ist jedoch in der Relation zwischen Ober- und Unterklassen implizit enthalten: Die Namen der durch die Diskriminierung entstandenen Unterklassen wären die Attributwerte des impliziten Diskriminatorattributes. Formal ist der Diskriminator der Name der Generalisierungsmenge.

Implementierungsvererbung. In Spezialisierungsbeziehungen wird das Substitutionsprinzip vorausgesetzt, das besagt, dass Instanzen von Unterklassen unter allen Umständen anstelle von Instanzen der Oberklasse einsetzbar sein müssen. Sofern dieses Prinzip verletzt wird und es sich um reine Implementierungsvererbung handelt, sollte die Vererbungsbeziehung mit {substitutable=false} gekennzeichnet werden. Unter Implementierungsvererbung versteht man die rein technisch und pragmatisch motivierte Wiederverwendung von Eigenschaften der Oberklasse ohne weitere konzeptionelle Absichten, die aus konzeptioneller Sicht daher oftmals problematisch ist.

Implementierungs-vererbung

Spezifikationsvererbung. Bei der so genannten Spezifikationsvererbung hingegen wird das Substitutionsprinzip vorausgesetzt. Für Operationen, die in Unterklassen überschrieben werden, gilt, dass sie keine strengeren Vorbedingungen haben dürfen als die der Oberklasse und dass die Nachbedingungen mindestens so streng sein müssen wie die der Oberklasse.

Spezifikationsvererbung, Substitutionsprinzip

Ebenso dürfen die Definitionsbereiche in den Parametern der Unterklassenoperationen nicht eingeschränkt werden, d.h. in den Unterklassenoperationen haben die Parameter die gleichen Typen oder sind Obertypen. Für die Rückgabewerte der Operationen gilt, dass diese den gleichen Typ haben müssen wie die der Oberklassenoperation oder ein Untertyp davon sein müssen.

Kontravarianzprinzip für Operationsparameter

Spezialisierungsvererbung

Spezialisierungsvererbung. Die verbreitetste Form der Vererbung ist aber wahrscheinlich die Spezialisierungsvererbung, die auch als *ist-ein*-Vererbung bezeichnet wird: Ein Kreis *ist eine* geometrische Figur. Die Instanzen der Unterklasse stellen hier eine Untermenge der Instanzen der Oberklasse dar. Bei der Spezialisierungsvererbung werden die Definitions- und Wertebereiche und die Vor- und Nachbedingungen von Operationen in der Regel eingeschränkt beziehungsweise verschärft.

Notation

Kovarianzprinzip

Die Vererbungsbeziehung wird mit einem großen, nicht ausgefüllten Pfeil dargestellt, wobei der Pfeil von der Unterklasse zur Oberklasse zeigt. Wahlweise werden die Pfeile direkt von den Unterklassen zur Oberklasse gezogen oder zu einer gemeinsamen Linie zusammengefasst. Die direkten Pfeile erlauben ein flexibleres Layout und sind auch mit freier Hand gut zu zeichnen. Die zusammengefassten Pfeile betonen stärker die Gemeinsamkeit der Unterklassen, nämlich dass sie Spezialisierungen einer Oberklasse aufgrund *eines* Diskriminators sind.

vgl. Mehrfachvererbung ⇨79

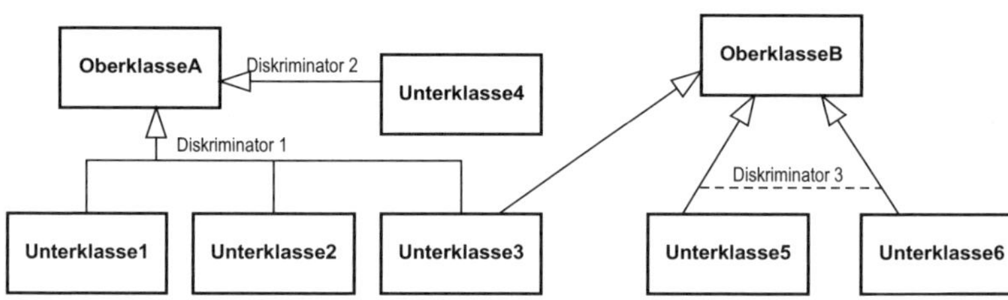

Abb. 2.3-2: Direkte und baumartige Notation von Vererbungsbeziehungen.

Bei der Variante mit direkten Pfeilen werden die Vererbungsbeziehungen, für die der Diskriminator gilt, entweder durch eine gestrichelte Linie verbunden, die dann mit dem Namen des Diskriminators versehen wird. Oder es wird jeder einzelne Vererbungspfeil mit dem Diskriminator gekennzeichnet. Verzichtet man auf die Angabe von Diskriminatoren, ist unklar, ob die Unterklassen eigenständige Spezialisierungen darstellen oder ob sie durch einen gemeinsamen Diskriminator entstanden sind.

Beispiel

Diskriminator: Figurenform

Auf einer Fensterfläche sollen Kreise, Rechtecke und Dreiecke angezeigt und bewegt werden können. Die Begriffe *Kreis*, *Rechteck* und *Dreieck* können generalisiert und ganz allgemein als geometrische Figuren bezeichnet werden. Die Klassen *Kreis*, *Rechteck* und *Dreieck* wären demnach Spezialisierungen der gemeinsamen Oberklasse *GeomFigur*; der Diskriminator wäre die *Figurenform*. In der abstrakten Oberklasse sind die Operationen *anzeigen()* und *entfernen()* als abstrakt gekennzeichnet, d.h. alle geometrischen Figuren verfügen über diese Operationen, implementiert werden sie jedoch erst in den konkreten Unterklassen.

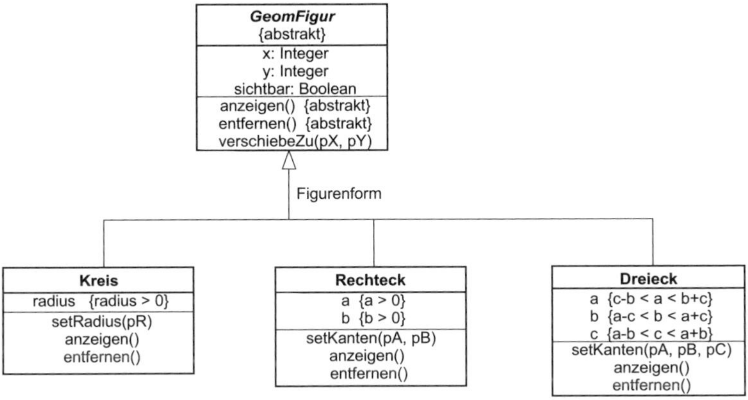

Abb. 2.3-3: Beispiel für Vererbung

Die Attribute *x, y* und *sichtbar* sind Bestandteil aller geometrischen Figuren und deshalb in der Oberklasse angesiedelt. Der *radius* bzw. die Kanten *a, b* und *c* hingegen sind spezielle Eigenschaften der konkreten geometrischen Figuren.

Die konkreten Attribute sind mit Zusicherungen versehen, wie sie für die jeweilige Figur maßgeblich sind. Beispielsweise darf beim Kreis der Radius nicht gleich oder kleiner Null sein und beim Dreieck muss die Summe zweier Kanten jeweils größer sein als die dritte Kante.

Mehrfachvererbung. Der vorangegangene Abschnitt zeigte die Einfachvererbung anhand des Beispiels mit geometrischen Objekten. Jede Klasse besitzt höchstens eine Oberklasse. Bei der Mehrfachvererbung kann eine Klasse mehr als eine Oberklasse besitzen. Statt von einer Klassenhierarchie kann man in diesem Fall auch von einer Klassenheteronomie sprechen.

Nicht alle Programmiersprachen benötigen bzw. unterstützen die Mehrfachvererbung (Smalltalk und Java beispielsweise nicht). Sie ist auch durchaus kritisch zu sehen, denn sie schafft Probleme: Was passiert, wenn verschiedene Oberklassen gleichnamige Eigenschaften beinhalten (die sich natürlich unterschiedlich verhalten können)? Von welcher Oberklasse soll die Unterklasse die Eigenschaft übernehmen? Dieser Konflikt kann in der Regel nur dadurch vermieden werden, dass die Eigenschaft voll qualifiziert, d.h. inklusive der Oberklassenbezeichnung angesprochen wird.

Konflikte bei Mehrfachvererbung

Es lassen sich noch weitere Konfliktsituationen konstruieren. Beispielsweise können die beiden Oberklassen, die eine gemeinsame Unterklasse besitzen, ihrerseits wiederum von einer gemeinsamen Oberklasse abgeleitet sein, so dass eine Eigenschaft in zwei Richtungen weitervererbt wird und später wieder durch Mehrfachvererbung zusammenläuft. Auch hier kann in jeder einzelnen dazwischen liegenden Klasse die Eigenschaft überschrieben werden. Eine Alternative zur Mehrfachvererbung ist die Delegation.

Ein Beispiel für mehrfache Vererbung: Ein Schwein ist sowohl ein Säugetier als auch ein Landbewohner. Es erbt daher die Eigenschaften der Klasse *Säugetier* und die der Klasse *Landbewohner*.

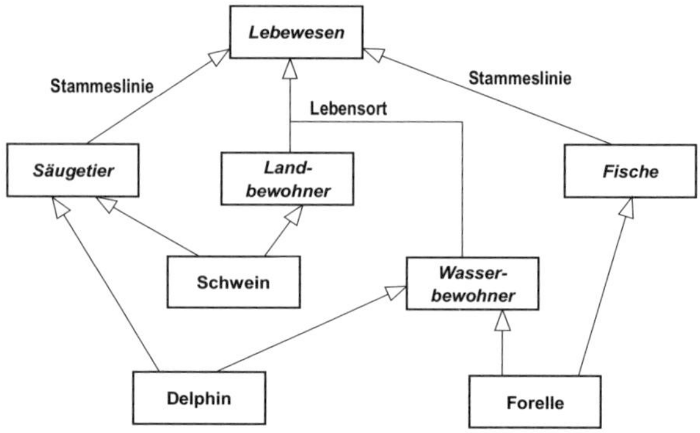

Abb. 2.3-4: Mehrfachvererbung

2.3.2 Assoziation

Verwandte Begriffe: *Aggregation*, *Komposition*, *Relation* und als Instanz einer Assoziation: engl. *link*, *Objektverbindung*.

Definition

Aggregationen ⇨91
Kompositionen ⇨93

Eine Assoziation beschreibt als Relation zwischen Klassen die gemeinsame Semantik und Struktur einer Menge von Objektverbindungen.

Beschreibung

Objektverbindungen (*links*)

Assoziationen sind notwendig, damit Objekte miteinander kommunizieren können. Eine Assoziation beschreibt eine Verbindung zwischen Klassen. Die konkrete Beziehung zwischen zwei Objekten dieser Klassen wird *Objektverbindung* (engl. *link*) genannt. Objektverbindungen sind also die Instanzen einer Assoziation.

Rekursive Assoziation

Aggregation ⇨91
Komposition ⇨93

Gewöhnlich ist eine Assoziation eine Beziehung zwischen zwei verschiedenen Klassen. Grundsätzlich kann eine Assoziation aber auch rekursiver Natur sein; die Klasse hat in diesem Fall eine Beziehung zu sich selbst, wobei gewöhnlich unterstellt wird, dass jeweils zwei unterschiedliche Objekte dieser Klasse verbunden werden. An einer Assoziation können aber auch drei oder mehr verschiedene Klassen beteiligt sein. Spezielle Varianten der Assoziation sind die Aggregation und die Komposition.

Temporäre Objektbeziehungen

Sichtbarkeitsangaben ⇨64

Gewöhnlich gilt eine Assoziation für den gesamten Existenzzeitraum der beteiligten Objekte oder zumindest über die Zeitdauer eines Geschäftsvorfalls hinweg. Es können aber auch solche Assoziationen modelliert werden, bei denen die Objektbeziehungen nur zeitweilig gültig sind. Beispielsweise weil ein Objekt Argument in einer Nachricht ist und nur lokal innerhalb der entsprechenden Operation dem Empfängerobjekt bekannt ist. In diesem Fall kann zumindest eine Abhängigkeitsbeziehung modelliert werden.

Die Multiplizität einer Assoziation gibt an, mit wie vielen Objekten der gegenüberliegenden Klasse ein Objekt assoziiert sein kann. Wenn diese Zahl variabel ist, wird die Bandbreite, d.h. Minimum und Maximum angegeben. Liegt das Minimum bei 0, bedeutet dies, dass die Beziehung optional ist.

Kardinalität: Anzahl der Elemente

Multiplizität: Bereich erlaubter Kardinalitäten

Jede Assoziation kann mit einem Namen versehen werden, der die Beziehung näher beschreiben sollte. Auf jeder Seite der Assoziation können Rollennamen dazu verwendet werden, genauer zu beschreiben, welche Rolle die jeweiligen Objekte in der Beziehung einnehmen. Außerdem können Zusicherungen verwendet werden, um die Beziehung speziell einzuschränken.

Rollen, Zusicherungen

Außer Rollennamen können auch Sichtbarkeitsangaben auf jeder Seite der Assoziation angebracht werden. Ist beispielsweise eine Rolle als privat (-) deklariert, so kann das Objekt selbst, d.h. die Operationen des Objektes die Assoziation benutzen, benachbarte Klassen erhalten jedoch keinen Zugriff.

Abb. 2.3-5: Assoziation/Aggregation mit Multiplizitäten, Rollennamen und Sichtbarkeitsangabe

Notation

Beziehungen werden durch eine Linie zwischen den beteiligten Klassen dargestellt. An den jeweiligen Enden kann die Multiplizität der Beziehung angegeben werden. Jede Beziehung sollte mit einem Namen versehen werden, der beschreibt, worin oder warum diese Beziehung besteht. Damit man die Klassennamen und die Bezeichnung der Beziehung in richtiger Richtung lesen kann, kann neben dem Beziehungsnamen ein kleines ausgefülltes Dreieck gezeichnet werden, dessen Spitze in die Leserichtung zeigt (dies ist nicht zu verwechseln mit der Navigationsrichtung, siehe *Gerichtete Assoziation* ⇨83).

Gekennzeichnete Leserichtung

Ein Beziehungsname kann nur für eine Leserichtung notiert werden, ein kleines ausgefülltes Dreieck zeigt die Leserichtung an. An jedem Ende einer Beziehung können zusätzlich Rollennamen angegeben werden (Namenskonvention wie bei Attributen). Ein Rollenname beschreibt, wie das Objekt durch das in der Assoziation gegenüberliegende Objekt gesehen wird.

Attribute ⇨58

Schnittstelle ⇨66

Außerdem kann eine Assoziation durch Zusicherungen, Eigenschaftswerte und Stereotypen genauer beschrieben werden.

Die Klassen können durch direkte Linien, d.h. auf dem kürzesten Weg oder auch durch rechtwinklige Linien verbunden werden. Dies ist dem persönlichen Geschmack überlassen bzw. durch die Möglichkeiten des Modellierungswerkzeuges vorgegeben.

Zusicherungen ⇨146
Eigenschaftswerte ⇨70
Stereotypen ⇨71

Multiplizität

Die Multiplizität wird als einzelne Zahl oder Wertebereich auf jeder Seite der Assoziation notiert. Ein Wertebereich wird durch Angabe des Minimums und des Maximums, getrennt durch zwei Punkte, notiert (z.B. *1..5*). Ein * ist ein Joker (engl. *wildcard*) und bedeutet *„viele“*.

Gerichtete Assoziation ⇨83

Einseitige bzw. gerichtete Assoziationen, bei der nur die eine Seite die andere kennt, aber nicht umgekehrt, sind im Abschnitt über gerichtete Assoziationen beschrieben.

Beispiel

In der folgenden Abbildung wird eine Beziehung zwischen einer Firma und ihren Mitarbeitern gezeigt. Die Beziehung wird wie folgt gelesen: *„1 Firma beschäftigt * Mitarbeiter“*. Der * steht für beliebig viele Exemplare.

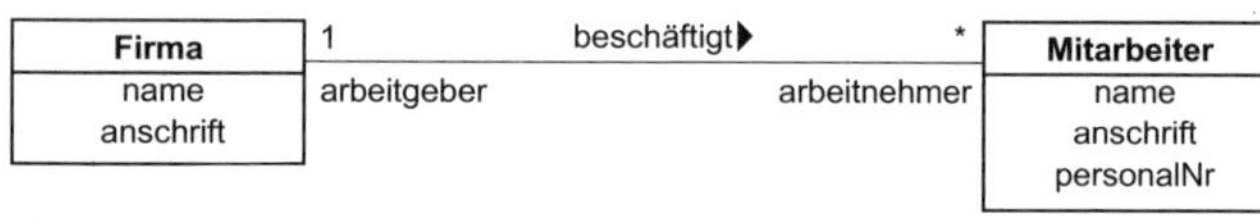

Abb. 2.3-6: Beispiel einer Assoziation

Zusätzlich zu Beziehungsnamen können an die Beziehung auch Rollennamen angehängt werden, da die Objekte dieser Klassen häufig in einer bestimmten Rolle zueinander in Beziehung treten. Die Firma ist in diesem Beispiel in der Rolle des Arbeitgebers und der Mitarbeiter in der Rolle des Arbeitnehmers. In der Praxis ist es häufig einfacher, sinnvolle Rollennamen zu finden als Beziehungsnamen. Gerade wenn Beziehungen „hat“ o.Ä. heißen, sollte man gezielt nach sprechenden Rollennamen suchen.

Rollen

Weitere Beispiele für Multiplizitätsangaben:

1	genau eins
0..1	null oder eins
0..4	von null bis vier
0..*	größer oder gleich null (Standard, wenn Angabe fehlt)
*	dto.
1..*	größer oder gleich eins

Assoziationen werden dadurch realisiert, dass die beteiligten Klassen entsprechende Referenzattribute erhalten. In dem folgenden Beispiel würde die Klasse *Mitarbeiter* ein Attribut *arbeitgeber* als Referenz auf ein Objekt der Klasse *Firma* erhalten und die Klasse *Firma* ein Attribut *arbeitnehmer* mit einem Sammlungsobjekt (*Collection* bzw. Unterklasse davon), welches die Arbeitnehmer-Objekte referenzierte. Viele Modellierungswerkzeuge verwenden die Rollennamen der Beziehung für die entsprechenden automatisch erzeugten Attribute. Rollennamen korrespondieren in der UML auch formal mit den entsprechenden Attributen.

UML-Versionshinweis

1.x

Die früher erlaubte Schreibweise, verschiedene Multiplizitätsbereiche durch Komma getrennt aufzulisten, ist in UML 2.1 nicht mehr erlaubt. Um entsprechendes auszudrücken wäre nunmehr eine explizite Zusicherung notwendig.

2.3.3 Gerichtete Assoziation

Verwandte Begriffe: *unidirektionale Assoziation*, *Navigierbarkeit*, *Navigationsausschluss*.

Definition

Eine gerichtete Assoziation ist eine Assoziation, bei der von der einen beteiligten Assoziationsrolle zur anderen direkt navigiert werden kann, nicht aber umgekehrt.

Notation

Navigationsmöglichkeit

Eine gerichtete Assoziation wird wie eine gewöhnliche Assoziation notiert, jedoch hat sie auf der Seite der Klasse, zu der navigiert werden kann, also in Navigationsrichtung, eine geöffnete Pfeilspitze. Multiplizität und Rollenname können theoretisch jedoch auch auf der Seite notiert werden, zu der nicht navigiert werden kann.

Navigationsausschluss

Wenn eine Navigationsrichtung explizit ausgeschlossen werden soll, wird dies durch ein kleines Kreuz auf der Seite der Klasse notiert, zu der nicht navigiert werden soll (die Assoziationslinie wird auf dieser Seite also bildlich durchgestrichen).

Beschreibung und Beispiel

Uni- und bidirektionale Beziehungen

Inverse Assoziation

In der folgenden Abbildung sind verschiedene Assoziationen dargestellt. Die *Rechnung* kann in diesem Beispiel auf die *Anschrift* zugreifen, umgekehrt weiß die Anschrift jedoch nicht, in welchen Rechnungen sie assoziiert wird und kann nicht auf diese zugreifen. Zwischen *Kfz* und *Station* ist es hingegen so definiert, dass in beide Richtungen navigiert werden kann. Wenn keine Navigationsrichtung und kein Navigationsausschluss definiert sind, wie in Richtung auf *Versicherung*, bedeutet dies, dass diese nicht spezifiziert ist, es ist also alles möglich. Theoretisch kann auch in beide Richtungen ein Navigationsausschluss definiert werden, was jedoch fachlich unsinnig ist.

Leserichtung versus Navigationsrichtung

Zu beachten ist auch, dass die Navigationsrichtung (der Pfeil auf der Assoziationslinie) unabhängig von der notierten Leserichtung (ausgefülltes Dreieck, z.B. „enthält“) ist. Die Navigationsrichtung trifft eine Aussage darüber, ob ein Objekt auf ein anderes zugreifen kann. Die Leserichtung soll das Verständnis des Assoziationsnamens erleichtern („Rechnung enthält Anschrift“ und nicht „Anschrift enthält Rechnung“).

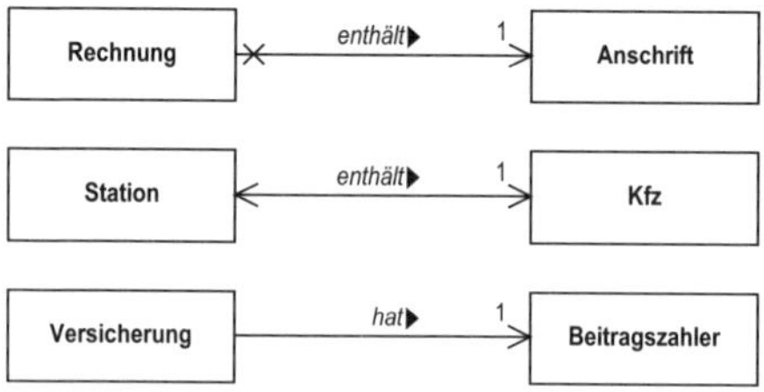

Abb. 2.3-7: Assoziationsrichtungen definieren

Streng objektorientiert gesehen gibt es eigentlich nur unidirektionale, d.h. gerichtete Assoziationen. Bidirektionale Assoziationen sind genau genommen zwei inverse Assoziationen. Folgende Abbildung veranschaulicht dies.

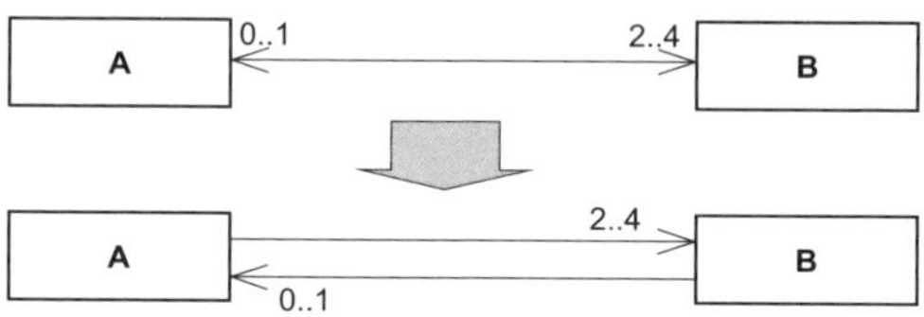

Abb. 2.3-8: Assoziation versus Relation

Verwechselung mit relationalen Beziehungen

Objektorientierte Assoziationen haben somit eine prinzipiell andere Semantik als relationale Beziehungen im Entity Relationship Modeling (ERM), wo grundsätzlich bidirektionale Beziehungen angenommen werden. Gerade OO-Anfänger mit relationalem Erfahrungshintergrund betrachten Assoziationen fälscherlicherweise häufig weiterhin mit relationaler Semantik.

Wenn in objektorientierten Assoziationen nur eine Assoziationslinie ohne Navigationsrichtung gezeichnet wird (obere Beziehung zwischen *A* und *B* in der vorigen Abbildung), ist das eigentlich nur eine Vereinfachung und Kurzschreibweise. Tatsächlich sind es zwei voneinander unabhängige Beziehungen. Für die eine Beziehung trägt die Klasse *A* die Verantwortung, für die andere die Klasse *B*. Eine andere Semantik bzw. Verantwortungsverteilung würde sowohl das Prinzip der Kapselung verletzen als auch die Wiederverwendungsmöglichkeiten begrenzen.

UML-Versionshinweis

1.x

Bis UML 1.x waren Assoziationen standardmäßig bidirektional, wenn keine Richtung angegeben wurde, zumindest wenn man Grady Booch folgte (vgl. [Booch1999] p. 72). Teilweise fand man in der Literatur auch andere Interpretationen, beispielsweise. dass Assoziationen ohne Richtungsangabe in Analysemodellen nicht bidirektional, sondern unterspezifiziert sind. Durch die ab UML 2.0 neue Möglichkeit, Navigationsrichtungen explizit auszuschließen, ist diese Unsicherheit beinahe behoben (leider sind aber formal weiterhin verschiedene, Interpretationsvarianten eröffnende *presentation options* in der UML sepzifiziert).

2.3.4 Attributierte Assoziation

Verwandte Begriffe: *Assoziationsattribute, Assoziationsklasse.*

Definition

Siehe Warnung am Abschnittende

Eine attributierte Assoziation ist ein Modellelement, das sowohl über die Eigenschaften einer Klasse als auch über die einer Assoziation verfügt. Es kann gesehen werden als eine Assoziation mit zusätzlichen Klasseneigenschaften (attributierte Assoziation) oder als Klasse mit zusätzlichen Assoziationseigenschaften (Assoziationsklasse).

Beschreibung

Neben den beschriebenen Formen der Assoziation gibt es noch eine weitere, bei der die Beziehung selbst über Attribute verfügt. Eine attributierte Assoziation ist immer dann nahe liegend, wenn Attribute oder Operationen gefunden werden, die weder der einen noch der anderen Klasse zugeordnet werden können, weil sie nämlich Eigenschaften der Beziehung selbst sind.

Assoziationsklasse

Die Eigenschaften der Beziehung werden als Klasse modelliert, die der Assoziation notationell zugeordnet ist. Semantisch sind Assoziation und Assoziationsklasse identisch, d.h. der Name der Assoziationsklasse entspricht dem Namen der Assoziation. Die Instanzen der Assoziationsklasse sind die konkreten Objektverbindungen zwischen den an der Assoziation beteiligten (normalen) Klassen.

Das Besondere an der attributierten Assoziation ist, dass zwei beteiligte Objekte maximal nur eine Beziehung zueinander haben dürfen. Dies wird gleich anhand eines Beispiels näher erläutert.

Notation

Attributierte Assoziationen werden wie gewöhnliche Assoziationen dargestellt, zusätzlich ist jedoch über eine gestrichelte Linie, die von der Assoziationslinie abgeht, eine weitere Klasse zugeordnet, die so genannte Assoziationsklasse. Die Assoziationsklasse wird ansonsten wie eine gewöhnliche Klasse notiert.

Beispiele

Die Assoziation zwischen Mitarbeiter und Firma aus dem vorigen Abschnitt kann beispielsweise dahingehend erweitert werden, dass auch Informationen über den Beschäftigungszeitraum berücksichtigt werden.

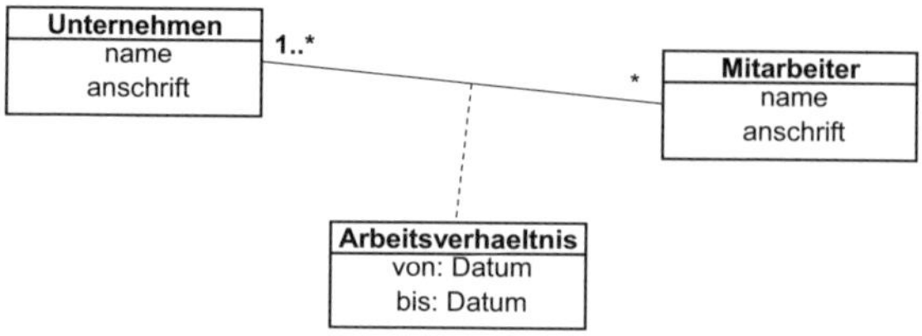

Abb. 2.3-9: Assoziationsattribute

Die Attribute, die diesen Zeitraum beschreiben, gehören weder in die Klasse *Unternehmen* noch in die Klasse *Mitarbeiter*, sondern sind Teil der Beziehung zwischen den beiden. Ebenso könnten auch Operationen Bestandteil von Assoziationsklassen sein. Da die Exemplare der Assoziationsklassen jeweils identisch sind mit den konkreten Objektverbindungen, sind sie nicht eigenständig existenzfähig, sondern von den beiden beteiligten eigentlichen Objekten abhängig.

Degenerierte Assoziationsklassen

Man spricht gelegentlich auch von degenerierten Assoziationsklassen; degeneriert deshalb, weil die Klasse keine eigenständigen Objekte beschreibt und keinen Namen tragen muss (eine Assoziation muss keinen Namen haben). Natürlich ist es in diesem Fall sehr sinnvoll, einen Namen anzugeben. Der Name der Assoziation und der Assoziationsklasse ist stets identisch.

Besondere Semantik der Multiplizität

Das Besondere an der attributierten Assoziation ist, dass zwei beteiligte Objekte maximal nur eine Beziehung zueinander haben dürfen. Die Multiplizitäten sagen aus, dass ein Unternehmen *0..** Mitarbeiter haben kann und ein Mitarbeiter mindestens bei einem Unternehmen beschäftigt sein muss.

Im realen Leben kann es vorkommen, dass ein Mitarbeiter mehrfach, in verschiedenen Zeiträumen, für ein Unternehmen gearbeitet hat. Dies ist in einer attributierten Assoziation wie der oben gezeigten nicht möglich! Jeweils zwei beteiligte Objekte dürfen dort nur eine Beziehung zueinander führen. Ein Mitarbeiter kann also nicht zwei Beziehungen zum gleichen Unternehmen führen. Wenn dies aber gewünscht ist, ist eine attributierte Assoziation nicht verwendbar.

Qualifizierte Assoziation ⇨88

Die folgende Abbildung zeigt ein Beispiel, in dem die besondere Semantik der attributierten Assoziation gewünscht ist. Jedem Mitarbeiter werden hier bestimmte Fähigkeiten mit einem Kompetenzgrad zugeordnet. Dabei kann einem Mitarbeiter eine Fähigkeit jeweils nur einmal zugeordnet werden, denn er kann eine Fähigkeit nicht gleichzeitig in mehreren Kompetenzgraden besitzen; man würde immer den höheren Grad nehmen (dieses Beispiel wird übrigens im Abschnitt über qualifizierte Assoziationen noch einmal aufgegriffen).

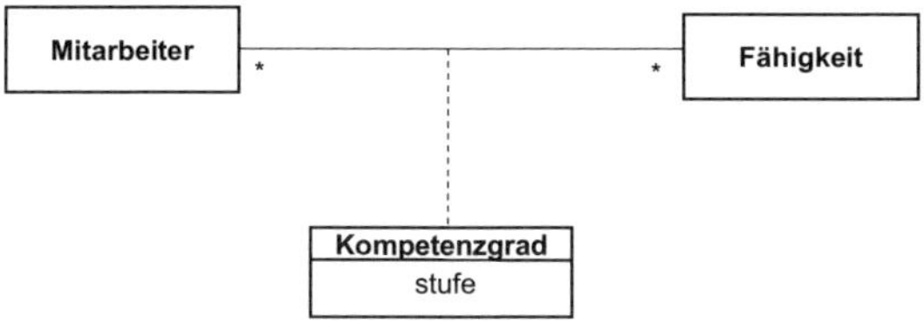

Abb. 2.3-10: Attributierte Assoziation mit sinnvoller Semantik

Im Design werden solche Beziehungen normalerweise aufgebrochen; aus der Assoziationsklasse wird dann eine richtige Klasse. Dabei ist zu berücksichtigen, dass die spezielle Semantik der attributierten Assoziation beibehalten, d.h. ersatzweise durch entsprechende Zusicherungen ausgedrückt wird.

Man beachte außerdem die Übernahme der Multiplizitäten.

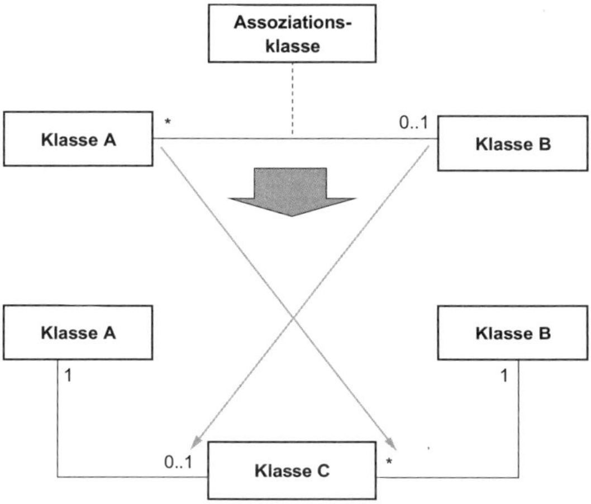

Abb. 2.3-11: Transformation einer attributierten Assoziation in gewöhnliche Assoziationen

Warnung

Die attributierte Assoziation sollte vermieden werden, da sie nicht objektorientiert ist. Bereits die Notation einer einfachen bidirektionalen Assoziation ist etwas, was es in dieser Form in objektorientierten Modellen nicht direkt geben kann, da dort sämtliche Sachverhalte stets einer Klasse verantwortlich zuzuordnen sind. Auch wenn die Assoziationsklasse in der UML formal eine vollwertige Klasse ist, so ist die bidirektionale Assoziation konzeptionell eigentlich nur eine Kurzschreibweise für zwei einzelne, entgegengesetzt gerichtete Assoziationen.

vgl. gerichtete Assoziation ⇨83

Erweitert man nun eine bidirektionale Beziehung um eine Assoziationsklasse und vergegenwärtigt sich dabei, dass eine bidirektionale Beziehung nur eine Kurzschreibweise für zwei gerichtete Assoziationen darstellt, stellt sich die

Frage, an welcher der beiden gerichteten Assoziationen die Assoziationsklasse eigentlich hängt.

Die Verwendung von attributierten Assoziationen führt also zur Verschleierung von Verantwortlichkeiten und bleibt semantisch unbefriedigend, weswegen die in normale Assoziationen aufgebrochene bzw. umgeformte Form vorzuziehen ist.

2.3.5 Qualifizierte Assoziation

Verwandte Begriffe: *Assoziatives Array*, engl. *dictionary*, *qualifizierende Assoziation, partitionierte Assoziation.*

Warnung

Die qualifizierende Assoziation hat eine sehr spezielle Semantik und führt in der Praxis häufig zu Missverständnissen. Verwenden Sie diese Form der Assoziation nur, wenn Sie einen Grund dafür haben und stellen Sie dann sicher, dass alle Beteiligten das gleiche Verständnis über die Bedeutung haben.

Definition

Eine qualifizierte Assoziation ist eine Assoziation, bei der die referenzierte Menge der Objekte durch qualifizierende Attribute in Partitionen unterteilt wird, wobei sich die angegebene Multiplizität auf die zulässige Menge der Objekte einer Partition bezieht.

Beschreibung

Beziehungen, bei denen ein Objekt *viele* (*) Objekte der gegenüberliegenden Seite assoziieren kann, werden normalerweise durch Behälterobjekte im Ausgangsobjekt implementiert. Dies könnte beispielsweise ein Dictionary (assoziatives Feld, Look-Up-Tabelle in der Datenbank o.Ä.) sein. Bei einem Dictionary erfolgt der Zugriff jeweils durch Angabe eines Schlüssels. Die qualifizierte Assoziation ist das UML-Gegenstück zum Programmierkonstrukt Dictionary. Weitere Erläuterungen folgen gleich anhand eines Beispiels.

Notation

Das für die Assoziation benutzte qualifizierende Attribut wird in einem Rechteck an der Seite der Klasse notiert, die über diesen Qualifizierer auf das Zielobjekt zugreift. Es können auch mehrere Attribute in diesem Rechteck angegeben werden. Die Notation entspricht der von Attributen in Klassen, wobei die Angabe von Standardwerten hier nicht in Frage kommt.

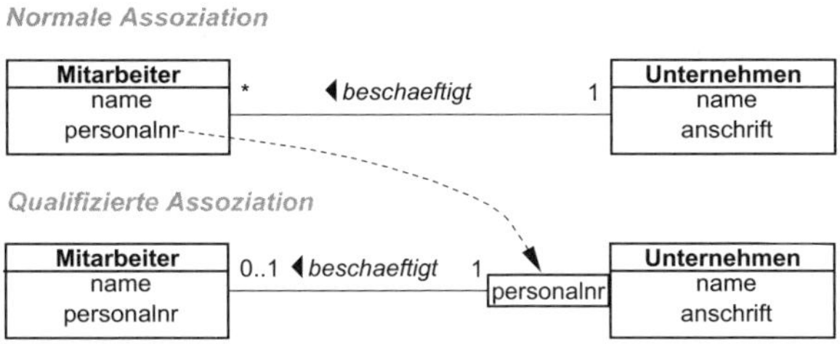

name	personalnr	name
Ludwig Leise	0001	Mega Sound GmbH
Karla Klar	0002	Putz und Blitzblank
Detlef Dorfmeister	0003	abc Systemhaus
Bernd Oestereich	0004	oose.de GmbH

Abb. 2.3-12: Qualifizierte Assoziation

Beispiel

Die Abbildung zeigt die Beschäftigung von Mitarbeitern in einem Unternehmen. Jeder Mitarbeiter hat dabei eine Personalnummer. Aus der oberen normalen Assoziation ist ersichtlich, dass jeder Mitarbeiter zu genau einem Unternehmen gehört und ein Unternehmen eine Menge von Mitarbeitern hat.

In der qualifizierten Assoziation werden die Mitarbeitermengen der Unternehmen partitioniert, d.h. in Untergruppen geteilt. Die Partitionierung erfolgt aufgrund des angegebenen qualifizierenden Attributs, in diesem Fall die Personalnummer. Alle Mitarbeiter eines Unternehmens mit der gleichen Personalnummer gehören zu einer Partition. Da Personalnummern innerhalb eines Unternehmens gewöhnlich eindeutig sind, wird die Kardinalität auf der Seite des Mitarbeiters auf 1 gesetzt. Ein Unternehmen darf hierbei trotzdem beliebig viele Mitarbeiter haben, aber diese müssen alle unterschiedliche Personalnummern haben.

Mitarbeiter verschiedener Unternehmen können gleichwohl gleiche Personalnummern haben, ohne in einer Partition zu landen, da die Partitionierung pro Instanz, d.h. unternehmensspezifisch erfolgt.

Die folgende Abbildung zeigt eine weitere Variante eines Beispiels, das im Abschnitt über attributierte Assoziationen bereits diskutiert wurde. Im hier dargestellten Beispiel kann ein Mitarbeiter Fähigkeiten haben[8], wobei jeder Fähigkeit genau ein Kompetenzgrad zugeordnet wird. Damit wird ausgeschlossen, dass zu einer Fähigkeit mehrere widersprüchliche Kompetenzgrade festgelegt werden können. Außerdem ist die Assoziation gerichtet, d.h. die Kompetenzgrade wissen nichts von den Fähigkeiten der Mitarbeiter.

Bsp. Attributierte Assoziation ⇨85

[8] Oh!

Abb. 2.3-13: Beispiel qualifizierter Assoziation

2.3.6 Mehrgliedrige Assoziation

Verwandte Begriffe: *Ternäre Assoziation, n-gliedrige Assoziation*, engl. *n-ary associtaion*.

Warnung

Die mehrgliedrige Assoziation ist mit verschiedenen semantischen Detailproblemen (Multiplizitätszuordnung, Verantwortlichkeiten) behaftet, ähnlich wie die attributierte Assoziation (⇨) kein objektorientiertes Konzept und in der Praxis fehleranfällig. Versuchen Sie daher nach Möglichkeit den darzustellenden Sachverhalt mit Hilfe von gewöhnliche Assoziationen zu beschreiben.

Definition

Eine mehrgliedrige Assoziation ist eine Assoziation, an der mehr als zwei Assoziationsrollen beteiligt sind.

Beschreibung

Ternäre Assoziation

Neben den Zweierbeziehungen gibt es abgesehen von den attributierten Assoziationen auch noch drei- und mehrgliedrige Assoziationen, d.h. Assoziationen, an denen drei oder mehr Klassen (genauer: Assoziationsrollen) gleichberechtigt beteiligt sind. Eine Assoziationsrolle wird durch eine Klasse repräsentiert. Eine Klasse kann jedoch auch mehrfach an einer mehrgliedrigen Assoziation beteiligt sein.

Verwenden Sie möglichst keine mehrgliedrigen Assoziationen!

Da Programmiersprachen mehrgliedrige Assoziationen gewöhnlich überhaupt nicht unterstützen, die gängigen Programmiersprachen haben nicht einmal eine direkte Repräsentationsmöglichkeit für normale Assoziationen[9], müssen sie im Design umgeformt werden.

[9] Assoziationen werden in einer Klasse gewöhnlich durch Hinzufügen einer Collection und einer Reihe von Standardoperationen (*add.., remove..., count...* etc.) zum Bearbeiten dieser Assoziation realisiert. Die Einhaltung der angegebenen Multiplizitäten wird gewöhnlich innerhalb dieser Standardoperationen realisiert.

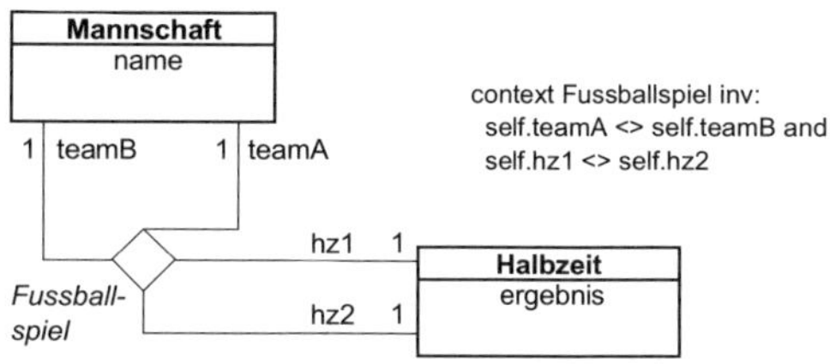

Abb. 2.3-14: Mehrgliedrige Assoziation

2.3.7 Aggregation

Verwandte Begriffe: *Ganzes-Teile-Beziehung*, *Assoziation*

Definition

Eine Aggregation ist eine Assoziation, erweitert um den semantisch unverbindlichen Kommentar, dass die beteiligten Klassen keine gleichwertige Beziehung führen, sondern eine Ganzes-Teile-Hierarchie darstellen. Eine Aggregation soll beschreiben, wie sich etwas Ganzes aus seinen Teilen logisch zusammensetzt.

Beschreibung

Unter einer Aggregation versteht man die Zusammensetzung eines Objektes aus einer Menge von Einzelteilen. Es handelt sich um eine *Ganzes-Teile-Hierarchie.*

Ganzes-Teile-Hierarchie Aggregation heißt „.. besteht logisch aus ..."

Kennzeichnend für alle Aggregationen ist, dass das Ganze Aufgaben stellvertretend für seine Teile wahrnimmt. Die Aggregatklasse enthält beispielsweise Operationen, die keine unmittelbare Veränderung im Aggregat selbst bewirken, sondern die Nachricht an seine Einzelteile weiterleiten. Man nennt dies *Propagieren von Operationen.* Im Gegensatz zur Assoziation führen die beteiligten Klassen also keine gleichberechtigte Beziehung, sondern eine Klasse (das Aggregat) bekommt eine besondere Rolle und übernimmt stellvertretend die Verantwortung und Führung.

Komposition ⇨93

Propagieren von Operationen

In einer Aggregationsbeziehung zwischen zwei Klassen muß genau ein Ende der Beziehung das Aggregat sein und das andere für die Einzelteile stehen. Würde auf keiner Seite ein Aggregat stehen, wäre es eine normale Assoziation; würden beide Seiten ein Aggregat verzeichnen, wäre dies ein Widerspruch, sie würden sich gegenseitig ihre Führungsrolle streitig machen.

Aggregationen sind gewöhnlich 1-zu-viele-Beziehungen. Bei 1-zu-1-Beziehungen fehlen meistens die Indikatoren für eine Aggregation.

In manchen Fällen beschreiben Aggregationen Beziehungen, in denen die Teile vom Ganzen existenzabhängig sind. Das heißt, wenn das Aggregat (das Ganze) gelöscht wird, werden alle Einzelteile ebenfalls gelöscht. Wird ein

Komposition ⇨93

Einzelteil gelöscht, bleibt das Aggregat erhalten. Diese strenge Form heißt Komposition und wird später erläutert.

Achtung Placebo: Assoziation und Aggregation sind semantisch gleichwertig.

Zu beachten ist, dass der hier beschriebene Unterschied zwischen einer Assoziation und einer Aggregation lediglich Kommentarcharakter hat. Streng genommen sind Assoziation und Aggregation semantisch gleichwertig; so sind sie beispielsweise auch im resultierenden Programmcode nicht unbedingt zu unterscheiden. Die Eigenschaft des Aggregats, auf den Einzelteilen zum Beispiel iterativ zu operieren, lässt sich formal kaum überprüfbar einfordern und stellt mehr oder weniger nur eine Absichtserklärung dar. Rumbaugh spricht deshalb in seinem UML-Buch von einem „Placebo“.[10]

Anders ausgedrückt: Wenn Sie sich unsicher sind oder gar mit Kollegen darüber diskutieren, welche Variante die richtige ist, machen Sie sich einfach klar, dass es streng genommen sowieso keinen Unterschied gibt. Dennoch ist die Verwendung der Aggregation in der Praxis sinnvoll. Die Aggregation gibt einen wichtigen Hinweis auf die höhere Bindung zwischen den an der Aggregationsbeziehung beteiligten Klassen, was Klassenmodelle besser verstehbar macht. Im Zweifelsfall nehmen Sie die einfachere Variante, also die Assoziation.

Notation

Eine Aggregation wird wie eine Assoziation als Linie zwischen zwei Klassen dargestellt und zusätzlich mit einer kleinen Raute versehen. Die Raute steht auf der Seite des Aggregats, also des Ganzen. Sie symbolisiert gewissermaßen das Behälterobjekt, in dem die Einzelteile gesammelt sind. Im Übrigen gelten alle Notationskonventionen der Assoziation.

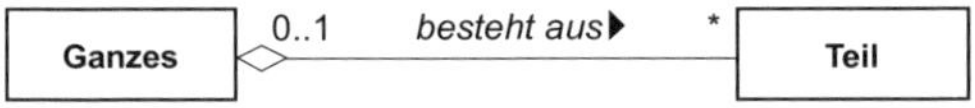

Abb. 2.3-15: Eine Raute symbolisiert eine Aggregation

Die Kardinalitätsangabe auf der Seite des Aggregats ist häufig 1, so dass ein Fehlen der Angabe standardmäßig als 1 interpretiert werden kann. Ein Teil kann gleichzeitig zu mehreren Aggregationen gehören.

Ähnlich wie bei Vererbungsbeziehungen können auch Aggregationen baumartig notiert werden, d.h. die einzelnen Linien werden auf der Seite des Aggregats zu einer gemeinsamen Linie mit einer gemeinsamen Raute zusammengefasst.

Beispiele

Das Beispiel *Unternehmen-Abteilung-Mitarbeiter* zeigt, dass ein Teil (*Abteilung*) gleichzeitig auch wieder Aggregat sein kann.

[10] [Rumbaugh1999], S. 148.

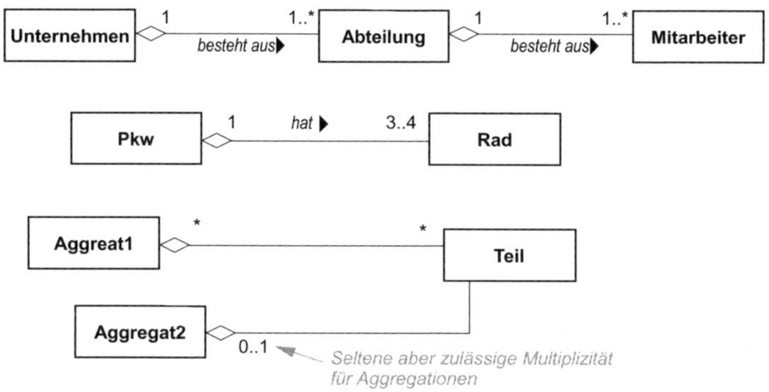

Abb. 2.3-16: Beispiele für Aggregationen

Die folgende Abbildung zeigt eine Aggregation in baumartiger Darstellung:

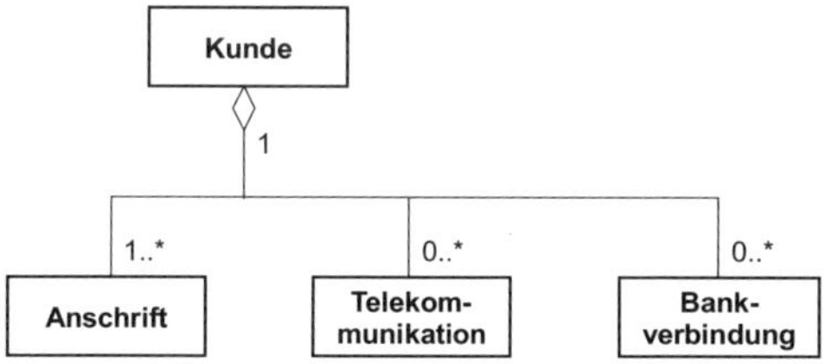

Abb. 2.3-17: Baumartige Aggregationen

2.3.8 Komposition

Verwandte Begriffe: *Aggregation*, *Assoziation*.

Definition

Eine Komposition ist eine strenge Form der Aggregation, bei der die Teile vom Ganzen existenzabhängig sind. Sie beschreibt, wie sich etwas Ganzes aus Einzelteilen zusammensetzt und diese kapselt. Existenzabhängige Teile

Notation

Die Komposition wird wie die Aggregation als Linie zwischen zwei Klassen gezeichnet und mit einer kleinen Raute auf der Seite des Ganzen versehen. Im Gegensatz zur Aggregation wird die Raute jedoch ausgefüllt.

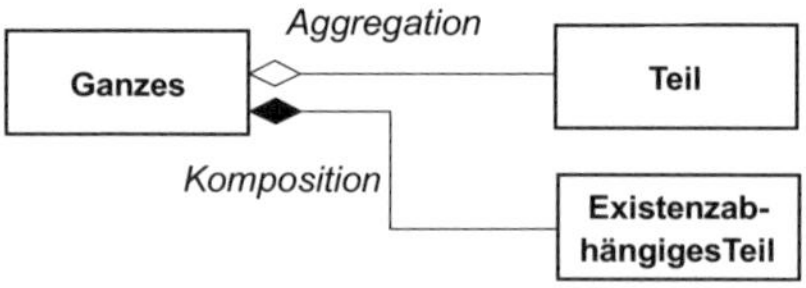

Abb. 2.3-18: Aggregation und Komposition

Beschreibung

.. besteht aus und kapselt

Da eine Komposition eine spezielle Variante der Aggregation ist, gelten die meisten Aussagen über die Aggregation auch für die Komposition. Auch die Komposition ist eine Zusammensetzung eines Objektes aus einer Menge von Einzelteilen. Wie bei der Aggregation nimmt auch bei der Komposition das Ganze stellvertretend für seine Teile Aufgaben wahr. Während man bei der Aggregation sagen kann „... besteht logisch aus ...", würde man bei der Komposition sagen „... besteht aus und kapselt ...".

Folgende Unterschiede sind zu beachten: Die Kardinalität auf der Seite des Aggregats muss immer 0 oder 1 sein. Jedes Teil ist nur Teil maximal eines Kompositionsobjektes, sonst würde die Existenzabhängigkeit widersprüchlich. Die Lebenszeit der Teile ist denen des Ganzen untergeordnet, d.h. sie werden zusammen mit dem Aggregat oder im Anschluss daran erzeugt und sie werden zerstört, bevor das Aggregat zerstört wird.

Kompositionen sind egoistisch: sie teilen nicht

Warum ist die Multiplizität 0,1 neben der Raute zulässig?

Wenn eine Klasse als Teil mehrerer Kompositionen definiert wird, wie beispielsweise in Abb. 2.3-19, dann bedeutet dies, dass sowohl Kreise als auch Polygone aus Punkten bestehen, ein konkretes Punkt-Objekt aber immer nur entweder zu einem Polygon oder einem Kreis gehört. Das entscheidende Merkmal einer Komposition ist, dass die aggregierten Teile niemals mit anderen Objekten geteilt werden. Ein Punkt gehört entweder zu einem Kreis oder zu einem Polygon, aber nicht gleichzeitig zu beiden. Wenn der Punkt zum Polygon gehört (dort also die Kardinalität *1* hat), muss auf der Gegenseite beim Kreis die Kardinalität *0* sein – und umgekehrt.

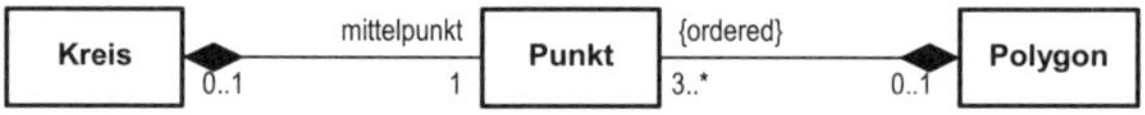

Abb. 2.3-19: Kompositionen teilen sich keine Instanzen

Falls eine variable Multiplizität für die Teile angegeben ist (z.B. *1..**), heißt dies, sie müssen nicht gemeinsam mit dem Aggregat erzeugt werden, sondern können auch später entstehen. Vom Zeitpunkt ihrer Erzeugung an gehören sie aber gewöhnlich sofort zum Ganzen; eine eigene unabhängige Existenz ist ihnen nicht gestattet. Genauso können sie in diesem Fall auch jederzeit vor dem Aggregat vernichtet werden, spätestens jedoch mit diesem.

In C++ führt die Unterscheidung von Aggregation und Komposition zu einer entsprechenden Implementierung (*Zeiger oder Wert*). Smalltalk und Java kennen diese Unterscheidungen nicht, da es dort keine Zeiger o.Ä. gibt; es sind grundsätzlich Referenzen (sic!).

Kompositionsbeziehungen können mit einer Multiplizitätsangabe, einem Beziehungsnamen (mit optionalen Leserichtungspfeil) und mit Rollenbezeichnungen notiert werden. Mehrere Kompositionsbeziehungen zu einem Ganzen können baumartig zusammengefasst werden.

Beispiel

Ein typisches Beispiel für eine Komposition ist die Rechnung mit ihren Rechnungspositionen. Die Rechnungspositionen sind existenzabhängig von der Rechnung. Sobald die Rechnung gelöscht würde, würden auch alle Rechnungspositionen in ihr ebenfalls gelöscht werden. Die Rechnung übernimmt bestimmte Aufgaben für die Gesamtheit, beispielsweise wird die Klasse *Rechnung* Operationen wie *anzahlPositionen()* oder *summe()* enthalten.

2.3.9 Abhängigkeitsbeziehung

Verwandte Begriffe: engl. *dependency, Realisierungsbeziehung, Verfeinerungsbeziehung,* engl. *refinement,* engl. *realization.*

Definition

Eine Abhängigkeit (*Dependency*) ist eine Beziehung von einem (oder mehreren) Quellelement(en) zu einem (oder mehreren) Zielelement(en).

Die Zielelemente sind für die Spezifikation oder Implementierung der Quellelemente erforderlich.

Notation und Semantik

Dargestellt wird eine Abhängigkeit durch einen gestrichelten Pfeil, wobei der Pfeil vom abhängigen auf das unabhängige Element zeigt. Zusätzlich kann die Art der Abhängigkeit durch ein Schlüsselwort oder Stereotyp näher spezifiziert werden, siehe Abb. 2.3-21.

Da das Quellelement bei einer Abhängigkeitsbeziehung das Zielelement für seine Spezifikation oder Implementierung benötigt, ist es ohne das Element unvollständig.

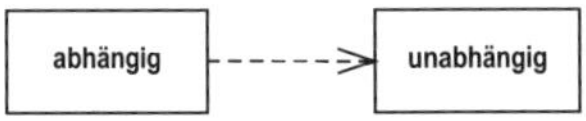

Abb. 2.3-20: Notation einer Abhängigkeitsbeziehung:

Der seltene Fall, dass eine Abhängigkeitsbeziehung mehrere Quell- oder Zielelemente hat, ist in Abb. 2.3-22 dargestellt.

Schlüsselwort/ Stereotyp	Bedeutung
«call»	Stereotyp an Verwendungsbeziehung (*Usage*) Die call-Beziehung wird von einer Operation zu einer anderen Operation definiert und spezifiziert, so dass die Quelloperation die Zieloperation aufruft. Als Quellelement kann auch eine Klasse gewählt werden. Das bedeutet dann, dass die Klasse eine Operation enthält, die die Zieloperation aufruft.
«create»	Stereotyp an Verwendungsbeziehung (*Usage*) Das abhängige Element erzeugt Exemplare des unabhängigen Elementes. Die create-Beziehung wird zwischen Classifiern definiert.
«derive»	Stereotyp an Abstraktionsbeziehung (*Abstraction*) Das abhängige Element ist vom unabhängigen Element abgeleitet.
«instantiate»	Stereotyp an Verwendungsbeziehung (*Usage*) Das abhängige Element erzeugt Exemplare des unabhängigen Elementes. Die create-Beziehung wird zwischen Classifiern definiert.
«permit»	Schlüsselwort für Berechtigungsbeziehung (*Permission*) Das abhängige Element hat die Erlaubnis, private Eigenschaften des unabhängigen Elementes zu verwenden.
«realize»	Schlüsselwort für Realisierungsbeziehung (*Realization*) Das abhängige Element implementiert das unabhängige Element, beispielsweise eine Schnittstelle oder ein abstraktes Element.
«refine»	Stereotyp an Abstraktionsbeziehung (*Abstraction*) Das abhängige Element befindet sich auf einem konkreteren semantischen Niveau als das unabhängige Element.
«trace»	Stereotyp an Abstraktionsbeziehung (*Abstraction*) Das abhängige Element führt zum unabhängigen Element, um semantische Abhängigkeiten nachverfolgen zu können, beispielsweise von einer Klasse zu einer Anforderung oder von einem Anwendungsfall zu einer Klasse.
«use»	Schlüsselwort für Verwendungsbeziehung (*Usage*) Das abhängige Element benutzt das unabhängige Element für seine Implementierung.

Abb. 2.3-21: Verschiedene Arten von Abhängigkeitsbeziehungen

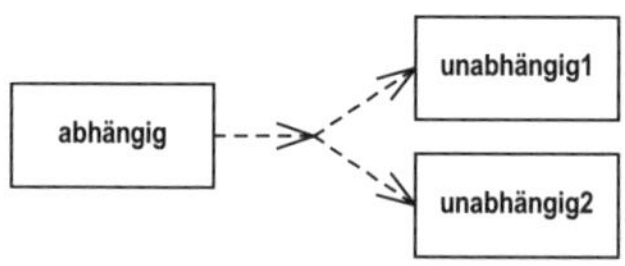

Abb. 2.3-22: Notation mit mehreren Zielelementen (*Supplier*)

Abhängigkeiten können unterschiedliche Ursachen haben. Einige Beispiele hierfür sind:

- Ein Paket ist von einem anderen abhängig. Die Ursache kann hierbei beispielsweise darin bestehen, dass eine Klasse in dem einen Paket von einer Klasse in dem anderen Paket abhängig ist.
- Eine Klasse benutzt eine bestimmte Schnittstelle einer anderen Klasse. Wenn die angebotene Schnittstelle verändert wird, sind in der schnittstellennutzenden Klasse ebenfalls Änderungen erforderlich.
- Eine Operation ist abhängig von einer Klasse, beispielsweise wird die Klasse in einem Operationsparameter genutzt. Eine Änderung in der Klasse des Parameters macht möglicherweise eine Änderung der Operation erforderlich.

Abstraction
Standard-Stereotypen

Die Abstraktionsbeziehung ist eine spezielle Abhängigkeitsbeziehung zwischen Modellelementen auf verschiedenen Abstraktionsebenen. Die Beziehung wird wie eine Abhängigkeitsbeziehung notiert und mit dem Schlüsselwort «abstraction» versehen. Sie können aber nicht verwechselt werden, da die Abstraktion immer zusammen mit einem Stereotyp verwendet wird. Die UML definiert die Standard-Stereotypen «derive», «trace» und «refine».

Zu einer Abstraktionsbeziehung gehört auch immer eine Abbildungsvorschrift, wie die beteiligten Elemente zueinander stehen. Die Angabe kann formal oder informal sein. Eine Abstraktionsbeziehung kann trotz der Pfeilrichtung je nach Stereotyp und Abbildungsvorschrift auch bidirektional sein, was bei der «trace»-Beziehung oft der Fall ist.

Realization

Eine spezielle Abstraktionsbeziehung ist die Realisierungsbeziehung. Es ist eine Beziehung zwischen einer Implementierung und ihrem Spezifikationselement.

Substitution
☑ 2.3.9.5

Die Substitutionsbeziehung ist eine spezielle Realisierungsbeziehung. Sie gibt an, dass Exemplare des unabhängigen Elementes zur Laufzeit durch Exemplare des abhängigen Elementes substituiert werden können, z.B. da die Elemente dieselben Schnittstellen implementieren.

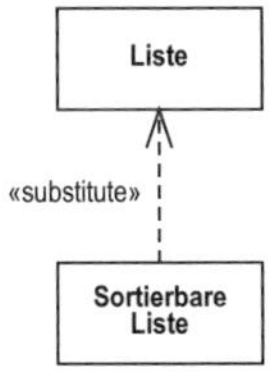

Abb. 2.3-23: Beispiel für eine Substitutionsbeziehung

Usage
☑ 2.3.9.6

Die Verwendungsbeziehung ist eine spezielle Abhängigkeitsbeziehung. Der Unterschied zur Abhängigkeitsbeziehung ist, dass die Abhängigkeit sich nur auf die Implementierung beschränkt und nicht für die Spezifikation gilt. Das heißt, das abhängige Element benötigt das unabhängige Element für seine Implementierung.

Abb. 2.3-24: Beispiel für eine Verwendungsbeziehung

Es kann also keine Verwendungsbeziehung von einer Schnittstellen ausgehen, aber dafür die Abhängigkeitsbeziehung.

Permission
☑ 2.3.9.7

Die Berechtigungsbeziehung ist eine spezielle Abhängigkeitsbeziehung, die dem abhängigen Element Zugriffsrechte auf das unabhängige Element erteilt. In Abb. 2.3-25 bekommt die Klasse *Chef* Zugriffsrechte für die Klasse *Mitarbeiter*. Dadurch kann die Klasse *Chef* auf das private Attribut *gehalt* von *Mitarbeiter* zugreifen.

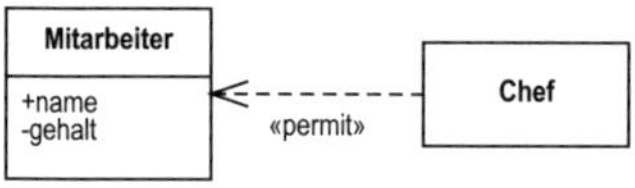

Abb. 2.3-25: Beispiel für eine Berechtigungsbeziehung

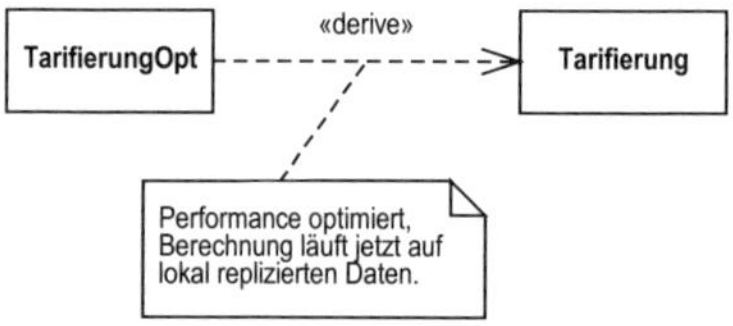

Abb. 2.3-26: Ableitung für eine Optimierung (Abstraktionsbeziehung)

Abb. 2.3-26 zeigt eine Designklasse und ihre optimierte Umsetzung. In vielen Fällen ist eine an die Verfeinerungsbeziehung angefügte Notiz mit einem entsprechenden Erläuterungstext hilfreich.

UML-Versionshinweis

1.x

In Versionen vor 2.0 wurde die Realisierungsbeziehung durch einen gestrichelten Vererbungspfeil dargestellt. In älteren Versionen wurde der gestrichelte Vererbungspfeil auch für die Verfeinerungsbeziehung verwendet. Dies ist nun einheitlich stets ein Abhängigkeitspfeil mit entsprechendem Schlüsselwort.

2.4 Weitere Strukturdiagramme

2.4.1 Objektdiagramm

Verwandte Begriffe: engl. *object diagram, Kollaboration, Kommunikationsdiagramm.*

Beschreibung

Ein Objektdiagramm zeigt eine ähnliche Struktur wie das Klassendiagramm, jedoch statt der Klassen, exemplarisch eine Auswahl der zu einem bestimmten Zeitpunkt existierenden Objekte mit ihren augenblicklichen Werten. Ein Objektdiagramm ist sozusagen ein Schnappschuss der Objekte im System zu einem bestimmten Zeitpunkt.

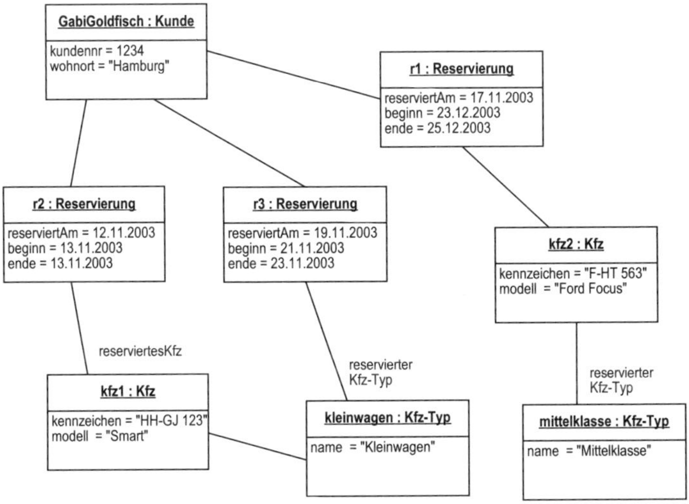

Abb. 2.4-1: Objektdiagramm mit Beispielobjekten des Flitz-Auto-Systems

Es wird eher selten verwendet und eignet sich dazu beispielhaft, ein zur Laufzeit existierendes Objektnetz zu visualisieren.

Kommunikationsdiagramm ⇨134

Kommunikations- und Sequenzdiagramme zeigen keine Objekte, sondern Rollen und haben andere Verwendungszwecke.

2.4.2 Komponentendiagramm

Verwandte Begriffe: engl. *component*, *Paket*, *Subsystem*, *Modul*, *Baustein, Anwendungsbaustein, Klasse.*

Definition

Eine Komponente (*Component*) ist eine spezielle Klasse, die eine austauschbare Einheit in einem System repräsentiert, deren Bestandteile gekapselt sind.

Die Komponente stellt ihre öffentliche Funktionalität über Schnittstellen nach außen zur Verfügung. Funktionalität, die von außen benötigt wird, wird ebenfalls über Schnittstellen definiert.

Beschreibung

Für den Begriff Komponente gibt es in der Informatik viele verschiedene, häufig auch widersprechende Definitionen und Interpretationen. In UML 1.x wurde Kompenente ebenfalls etwas eigenwillig definiert. UML 2 definiert Komponente nun durchaus entsprechend dem gängigen Komponentenverständnis.

Eine Komponente ist ähnlich wie eine Klasse instanziierbar und kapselt komplexes Verhalten. Mit ihr werden Einheiten gebildet, die eine hohe fachliche Kohärenz haben. Im Gegensatz zur Klasse wird bei einer Komponente zusätzlich auch die prinzipielle Austauschbarkeit (Substituierbarkeit) angestrebt. Eine technische Plattform für Komponenten ist beispielsweise Enterprise Java Beans (EJB).

Definition und Instanz

Es sind Komponentendefinitionen (z.B. „Person") und Komponenteninstanzen (z.B. „Gabi Goldfisch") zu unterscheiden.

Eine Komponente besteht intern gewöhnlich aus einer Menge von Klassen. Komponenten stellen nach außen gewöhnlich verschiedene Arten von Schnittstellen bereit:

- **Factory-Services** zum Erzeugen und Laden neuer Komponenteninstanzen. Für EJB heißen diese beispielsweise *findByName(name), findByKey(key)* u.Ä.
- **Observer-Services** zur Einrichtung von Ereignisbenachrichtigungen auf einem abstrakten, d.h. fachlich anonymen Niveau. Diese heißen beispielsweise *addChangeListener, addVetoableChangeListener, removeChangeListener* etc.
- **Object-Services** zur Bereitstellung fachlicher Operationen, beispielsweise von Get- und Set-Operationen, aber auch von fachlich komplexen Operationen. Diese heißen beispielsweise *getKundenNr(), setKundenNr(kundenNr), aktualisiereTagessaldo()* etc.

Unabhängig von den nach außen bereitgestellten Schnittstellen ist die interne Implementierung. Insbesondere die Object-Services können intern völlig anders strukturiert sein, als sie nach außen repräsentiert werden. Jede Komponente stellt somit nach außen ein Typsystem zur Verfügung und wird intern gewöhnlich durch eine Menge von Klassen umgesetzt. Komponenten haben gewöhnlich eigene, von anderen Komponenten unabhängige Persistierungsmechanismen.

Notation und Beispiel

Eine Komponente wird als Rechteck notiert und mit dem Schlüsselwort «component» gekennzeichnet. Zusätzlich kann als visuelles Stereotyp ein Rechteck mit zwei kleinen, auf dem linken Rand sitzenden Rechtecken verwendet werden (das so genannte Lego-Symbol).

Innerhalb der Komponente wird der Name der Komponente und ggf. ihr Typ beschrieben.

Außerdem können in der Komponente wiederum weitere Elemente (Objekte, Komponenten, Knoten) enthalten sein. Dadurch besteht allerdings eine gewisse Verwechselungsgefahr mit Kompositionsdiagrammen.

Kompositionsdiagramm ⇨107

Die Komponente kann auch als ein Gruppierungselement verwendet werden. Sie darf jedes paketierbare Element (*PackableElement*) besitzen.

Paketierbares Element:

Abb. 2.4-2 zeigt ein Beispiel für zwei Komponenten und von welchen Klassen sie realisiert werden. Die angebotenen Schnittstellen der Komponente werden von der Komponente selbst oder den realisierenden Klassen (bzw. allgemein Classifier) implementiert.

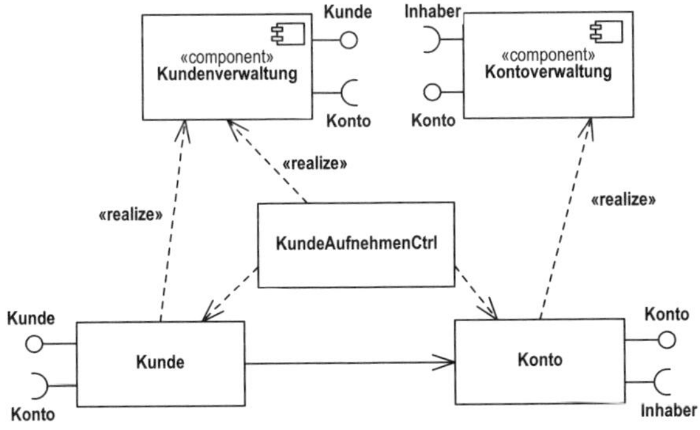

Abb. 2.4-2: Beispiel für Komponenten und der sie realisierenden Klassen

Eine kompakte Darstellung einer Komponente ist die Tabellennotation, wie links in der Abb. 2.4-3 dargestellt.

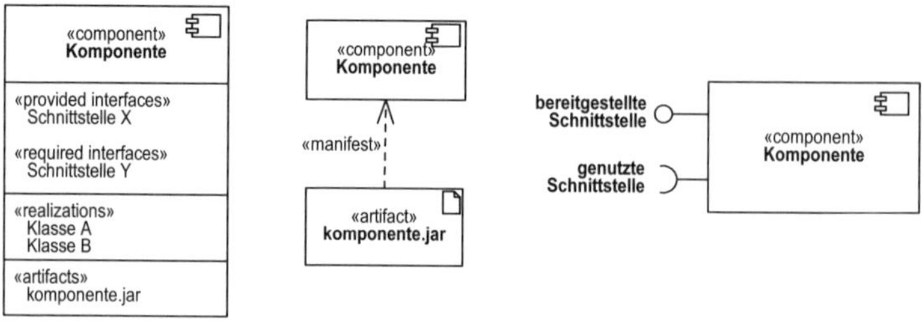

Abb. 2.4-3: Notationsformen für Komponenten

Für die Instanziierung von Komponenten existieren zwei verschiedene Varianten:

- Indirekte Instanziierung
  Eine indirekt instanziierte Komponente wird zur Laufzeit nur durch ihre realisierenden Klassen (oder allgemein Classifier) bzw. deren Instanzen repräsentiert. Diese Variante lässt sich mit den gängigen Programmiersprachen umsetzen.
- Direkte Instanziierung
  Bei der direkten Instanziierung ist zur Laufzeit neben den Instanzen der realisierenden Klasse auch eine Instanz der Komponente vorhanden. Das ist mit gängigen Programmiersprachen nicht möglich. Die Art der Variante wird in der Eigenschaft *isIndirectedInstantiated* der Komponente spezifiziert. Der Standardwert ist *true*, d.h. die indirekte Instanziierung.

UML-Versionshinweis

1.x

In UML 1.x wurde eine Komponente dadurch symbolisiert, dass auf dem Rand des Rechteckes zwei kleine Rechtecke platziert waren. Ab UML 2.0 wird nun stattdessen dieses große Rechteck mit den zwei kleinen Rechtecken auf dem Rand als ein Symbol innerhalb der Komponente platziert.

In UML 2.0 sind nun auch logische Komponenten möglich, die beispielsweise einen Namensraum für die in ihr enthaltenen Komponenten bilden.

2.4.3 Subsystemdiagramm

Verwandte Begriffe: *Paket*, *Komponente*.

Definition

Ein Subsystem ist eine spezielle Komponente, deren Zweck die Repräsentation einer architektonischen Einheit darstellt.

Ein Subsystem (*«subsystem»*) ist ein Standardstereotyp für Komponenten.

Beschreibung

Es gelten alle wesentlichen Merkmale von Komponenten auch für Subsysteme. Die Abgrenzung von Subsystem und Komponente erfolgt vor allem über ihren jeweiligen Verwendungszweck.

Ein Subsystem ist eine Komponente, die eine Einheit der hierarchischen Dekomposition eines großen Systems ist. Große Systeme werden häufig in der Hierarchie System – Subsysteme – Komponenten strukturiert. D.h. ein Subsystem ist die erste Hierarchieebene nach System. Der Zweck von Subsystemen ist die fachliche Systempartitionierung auf einem verhältnismäßig groben Niveau (Architektur-Niveau) und setzt sich beispielsweise zusammen aus einer Menge von Komponenten und Klassen. Komponenten definieren kleinere fachliche Einheiten, also eher die Mikroarchitektur. Die genaue Verwendung lässt die UML 2 aber bewusst offen. Ein Subsystem wird in der Regel indirekt instanziiert und in Spezifikations- und Realisierungselemente unterteilt.

Notation und Beispiel

Ein Subsystem wird wie eine Komponente dargestellt, trägt jedoch zusätzlich das vordefinierte Stereotyp «subsystem».

Abb. 2.4-4: Subsystem

2.4.4 Paketdiagramm

Verwandte Begriffe: engl. *package*, *Subsystem, Komponente.*

Definition

Übersicht gewinnen

Pakete sind Ansammlungen von Modellelementen beliebigen Typs, mit denen das Gesamtmodell in kleinere überschaubare Einheiten gegliedert wird. Ein Paket definiert einen Namensraum, d.h. innerhalb eines Paketes müssen die Namen der enthaltenen Elemente eindeutig sein. Jedes Modellelement kann in anderen Paketen referenziert werden, gehört aber zu genau einem (Heimat-) Paket. Pakete können wiederum Pakete beinhalten.

Beschreibung

Pakete können verschiedene Modellelemente enthalten, beispielsweise Klassen und Anwendungsfälle. Sie können hierarchisch gegliedert werden, d.h. ihrerseits wieder Pakete enthalten.

Ein Modellelement, beispielsweise eine Klasse, kann in verschiedenen Paketen benutzt werden, jedoch hat jede Klasse ihr Stammpaket. In allen anderen Paketen wird sie lediglich über ihren qualifizierten Namen

```
Paketname::Klassenname
```

Abhängigkeit ⇨95

zitiert. Dadurch entstehen Abhängigkeiten zwischen den Paketen, d.h., ein Paket nutzt Klassen eines anderen Paketes.

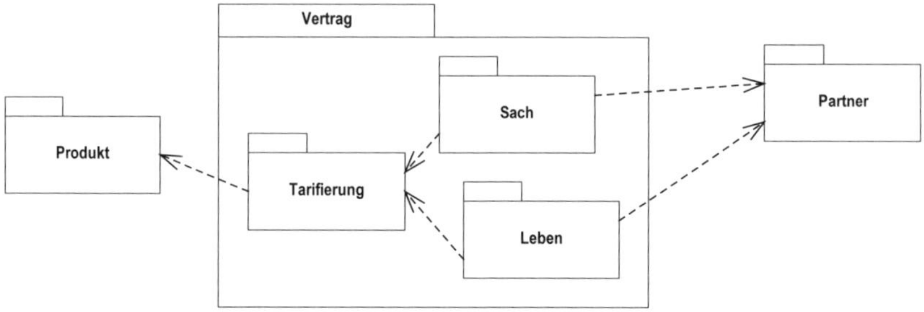

Abb. 2.4-5: Beispiel eines Paketmodells

Ein Paket wird in Form eines Aktenregisters dargestellt. Innerhalb dieses Symbols steht der Name des Paketes. Werden innerhalb des Symbols Modellelemente angezeigt, steht der Name auf der Registerlasche, anderenfalls innerhalb des großen Rechteckes. Oberhalb des Paketnamens können Stereotypen notiert werden.

Mitgliedsnotation

In der Abb. 2.4-6 finden Sie eine weitere Notationsform für Pakete und ihre Verschachtelungen. Die baumartig zusammengefasste Beziehung mit dem durchgestrichenen Kreis auf der Vertragsseite kann als „enthält" bzw. „besteht aus" gelesen werden (sie wird auch Mitgliedsnotation genannt). Die Semantik aller drei Vertrags-Pakete in Abb. 2.4-5 und Abb. 2.4-6 ist in Bezug auf die Paketverschachtelung identisch. Die Mitgliedsnotation ist nicht nur auf Pakete beschränkt. Auch für andere Elemente wie beispielsweise Klassen, die sich in einem Paket befinden, kann die hierarchische Struktur mit der Mitgliedsnotation dargestellt werden.

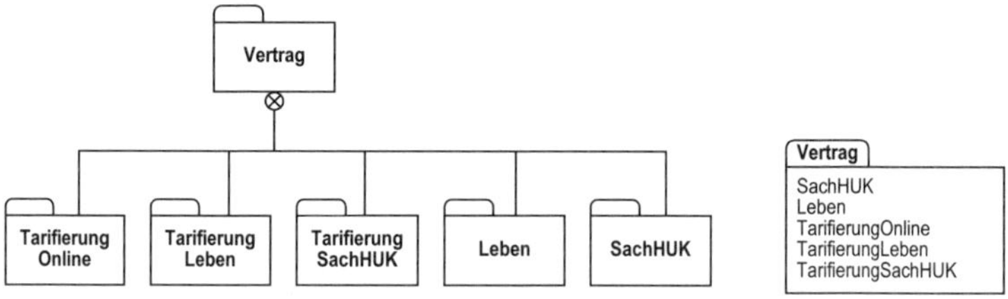

Abb. 2.4-6: Alternative Notationen für Paketstrukturen

Generalisierung versus Paket-Merge

In der UML 1.x war die Generalisierung von Paketen möglich, seit UML 2.0 wird hierfür die Merge-Beziehung verwendet.

Ein Paket-Merge (*PackageMerge*) ist eine Beziehung zwischen zwei Paketen, wobei der Inhalt des Zielpaketes mit dem Inhalt des Quellpaketes durch Generalisierung und Redefinition vermischt wird. Eine wichtige Annahme ist, dass gleichnamige Elemente in verschiedenen Paketen für dasselbe Konzept stehen. Warum diese Annahme wichtig ist, zeigt die Transformationsbeschreibung weiter unten.

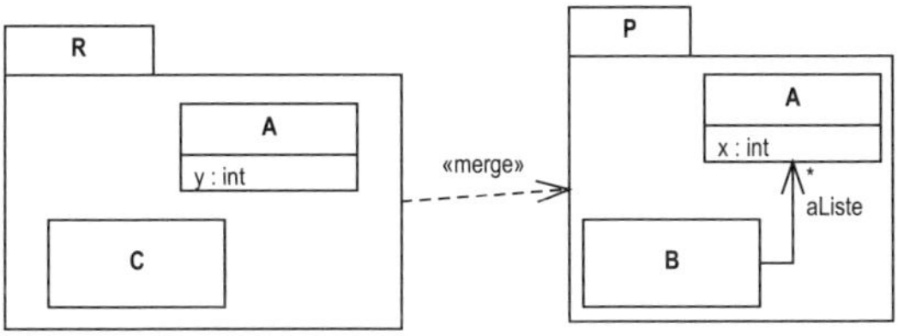

Abb. 2.4-7: Beispiel für ein Paket-Merge

In Abb. 2.4-7 ist ein einfacher Paket-Merge dargestellt. Der Inhalt des Paketes P wird in das Paket R „gemerged“. Das geschieht nach formal definierten Regeln, die auch automatisierbar von einem UML-Werkzeug durchgeführt werden könnten.

1. Die Merge-Beziehung wird in eine Paket-Importbeziehung umgewandelt. Das bedeutet u.a., dass private Elemente nicht in den Paket-Merge mit einbezogen werden.

2. Für jeden Classifier im Zielpaket, der nicht im Quellpaket vorhanden ist, wird ein neuer (leerer) Classifier im Quellpaket angelegt. Zwischen allen Classifiern des Quellpaketes wird nun eine Generalisierungsbeziehung zu gleichnamigen Classifiern des Zielpaketes definiert. Alle Merkmale (*Features*) des Ober-Classifiers werden im jeweiligen Unter-Classifier redefiniert. Damit befinden sie sich alle Merkmale im Besitz des Unter-Classifiers, d.h. des Classifiers im Quellpaket.

3. Generalisierungsbeziehungen zwischen Classifiern im Zielpaket werden auf die entsprechenden Classifier im Quellpaket übertragen.

4. Für jedes Unterpaket im Zielpaket wird ein gleichnamiges Unterpaket im Quellpaket angelegt, sofern es nicht schon vorhanden ist. Zwischen den gleichnamigen Unterpaketen vom Quellpaket und Zielpaket wird eine Paket-Merge-Beziehung definiert. Das gewährleistet eine rekursive Anwendung des Verfahrens auf Unterpakete.

5. Paket- und Elementimportbeziehungen aus dem Zielpaket werden in das Quellpaket übertragen.

6. Alle nicht generalisierbaren Elemente aus dem Zielpaket werden in das Quellpaket kopiert und mit gleichen Beziehungen zu den anderen Elementen versehen.

Wendet man diese Transformationsvorschriften auf das Beispiel in Abb. 2.4-7 an, erhält man das Ergebnis in Abb. 2.4-8. Die Paket-Merge-Beziehung ist also eigentlich nur eine Kurzschreibweise.

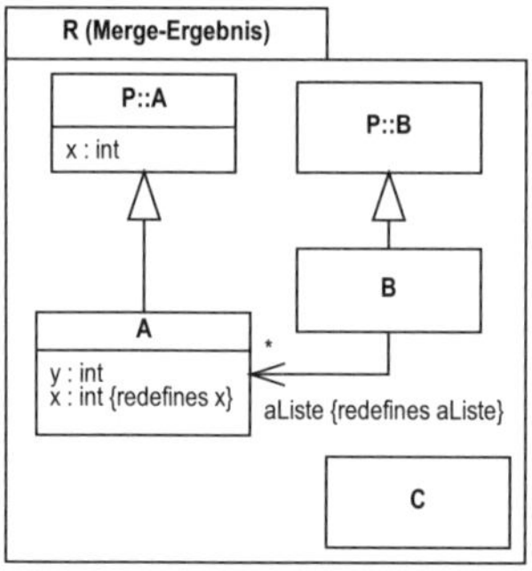

Abb. 2.4-8: Merge-Ergebnis aus Abb. 2.4-7

UML-Versionshinweis

Mitgliedsnotation

1.x

Die Mitgliedsnotation mit dem durchgestrichenen Kreis auf der Seite des Paketes, das andere Pakete enthält (Abb. 2.4-6), gab es auch schon vor UML 2.0, wurde dort jedoch kaum verwendet. Streng genommen war das Paketdiagramm in der Form, wie es allgemein genutzt wurde, in früheren Versionen offiziell nicht vorhanden und lediglich eine Art Klassendiagramm.

2.4.5 Kompositionstrukturdiagramm

Verwandte Begriffe: engl. *composite structure diagram*, *Zusammensetzungsdiagramm, Teile,* engl. *parts*.

Definition

Ein Kompositionsdiagramm zeigt die interne Zusammensetzung einer Komponente oder Klasse.

Beschreibung

Mit Hilfe eines Kompositionsdiagramms kann gezeigt werden, aus welchen Einzelteilen sich eine Komponente (oder Klasse) zusammensetzt und wie diese Teile (engl. *parts*) verbunden sind. Warum dies nicht immer mit den übrigen UML-Mitteln ausgedrückt werden kann und weshalb hierfür Kompositionsdiagramme notwendig sind, dass wird im Folgenden anhand eines Beispiels gezeigt.

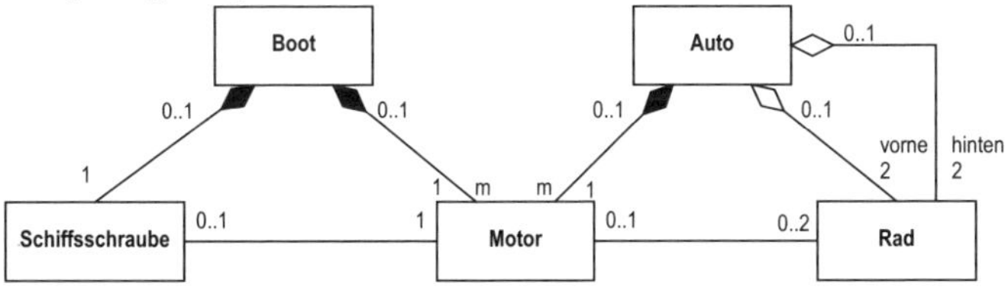

Abb. 2.4-9: Ein einfaches Klassendiagramm als Erläuterungsgrundlage für den Zweck von Kompositionsdiagrammen

Die Abb. 2.4-9 zeigt, wie sich Boote und Autos zusammensetzen. Ein Boot besteht aus einer Schiffsschraube und einem Motor, der die Schiffsschraube antreibt. Ein Auto besteht ebenfalls aus einem Motor, der aber statt einer Schiffsschraube zwei Räder antreibt. Insgesamt besitzt das Auto vier Räder, zwei vorne und zwei hinten.

Welche möglichen und durchaus legalen aber nicht beabsichtigten Objektmodelle sich daraus ergeben können, ist in Abb. 2.4-10 und Abb. 2.4-11 zu sehen. Vielleicht fallen Ihnen noch weitere Varianten ein, z.B. ein Auto mit einem Motor, der die beiden linken Räder antreibt.

Um solche unbeabsichtigten Ausprägungen auszuschließen, können zum einen entsprechende Zusicherungen, beispielsweise als OCL-Ausdruck oder natürlichsprachlich formuliert werden, zum anderen lassen sich Kompositionsdiagramme hierfür verwenden. Der Vorteil der Diagramme liegt in der besseren Visualisierung, die OCL und natürliche Sprache nicht bieten können, verbunden mit einer Eindeutigkeit, die zumindest natürliche Sprache auch nicht leisten kann.

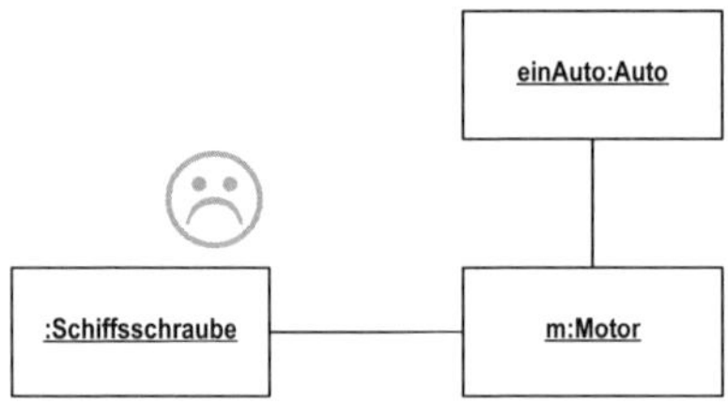

Abb. 2.4-10: Objektdiagramm für eine unsinnige Zusammensetzung eines Autos

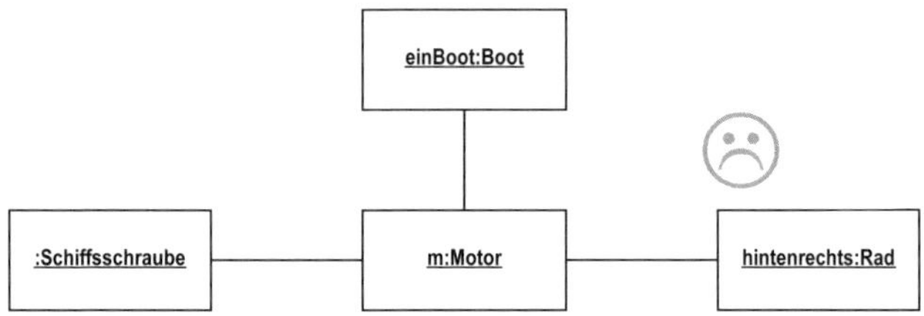

Abb. 2.4-11: Objektdiagramm für eine unsinnige Zusammensetzung eines Bootes

Das Kompositionsdiagramm heißt so, weil es in einem Diagramm die innere Struktur von Kompositionen, d.h. ihre Ganzes-Teil-Beziehungen, darstellen kann.

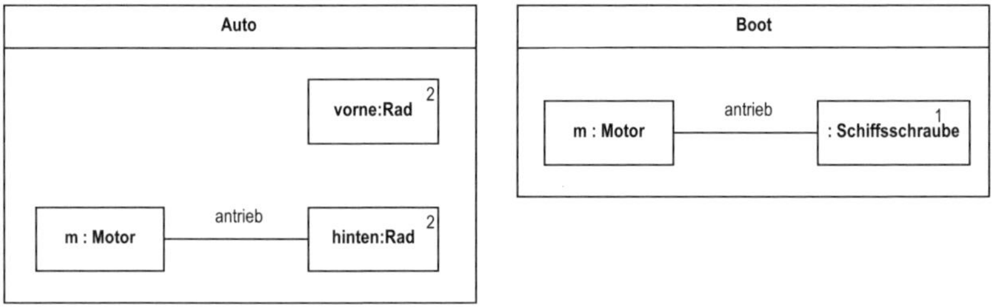

Abb. 2.4-12: Kompositionsstrukturen für sinnvole Zusammensetzungen von Boot und Auto

Abb. 2.4-12 zeigt die beiden sinnvollen Kompositionsstrukturen für Auto und Boot. Das Auto besitzt einen Motor *m*, der die beiden hinteren Räder antreibt. Desweiteren gibt es noch zwei Räder vorne. Im Kontext des Bootes treibt der Motor keine Räder an, sondern eine Schiffsschraube.

Notation

Die Teile werden als Rechtecke innerhalb der Komponente bzw. Klasse dargestellt. Sie können in der rechten oberen Ecke eine Angabe zur Multiplizität enthalten. Die Multiplizität kann alternativ auch hinter dem Namen des Elementes in eckigen Klammern gesetzt werden.

2.4.6 Einsatz- und Verteilungsdiagramm

Verwandte Begriffe: engl. *deployment diagram*, *Einsatzdiagramm*, *Knoten*, *Knotendiagramm*, *Konfigurationsdiagramm*.

Beschreibung

Ein Knoten ist eine zur Laufzeit physisch vorhandene Einheit, die über Rechenleistung bzw. Speicher verfügt, also Computer (Prozessoren), Geräte u.Ä.

Verteilung der Soft- auf die Hardware

Verteilungsdiagramme zeigen, welche Software (Komponenten, Objekte) auf welcher Hardware (Knoten) laufen, d.h wie diese konfiguriert sind und welche Kommunikationsbeziehungen dort bestehen.

Die Knoten können «manifest»-Beziehungen zu so genannten Artefakten besitzen, welche die physischen Repräsentanten der Software darstellen, also gewöhnlich die Dateien, beispielsweise *.exe-, *.dll- oder *.jar-Dateien. Die Artefakte haben Manifestationsbeziehungen zu bspw. Komponenten und werden auf Knoten deployed.

Artefakte: Dateien

Die Verbindungen zwischen den Knoten beschreiben, über welche Wege die Knoten miteinander kommunizieren können. Hierzu wird neben den Verbindungslinien die Art der Kommunikation näher spezifiziert, beispielsweise *Internet* oder *2 MBit/s. TCP/IP* (genaugenommen ist es nur der Name der Kommunikationslinie, die wiederum eine Variante der Assoziation ist). An den Enden der Verbindungslinie können Multiplizitäten angegeben werden, die die Anzahl der in gleicher Weise eingesetzten Knoten angibt.

Kommunikationslinie

Notation

Knoten werden durch Quader dargestellt. Knoten, die miteinander kommunizieren, d.h. entsprechende Verbindungen unterhalten, werden durch Kommunikationslinien miteinander verbunden. Auch Schnittstellen und Abhängigkeitsbeziehungen zwischen diesen Elementen sind zulässig.

Komponenten ⇨100
Schnittstellen ⇨66
Abhängigkeit ⇨95

Häufig werden Diagramme dieser Art mit herkömmlichen Zeichenprogrammen erstellt. Statt ordinärer Quader werden meistens buntere Cliparts verwendet (Drucker-, Computer- u.a. Bildchen).

EJB-Deployment generieren

Bei UML-konformer Verwendung des Einsatz- und Verteilungsdiagrammes bestehen jedoch technologiespezifische Generierungsmöglichkeiten, beispielsweise für EJB-Deployment.

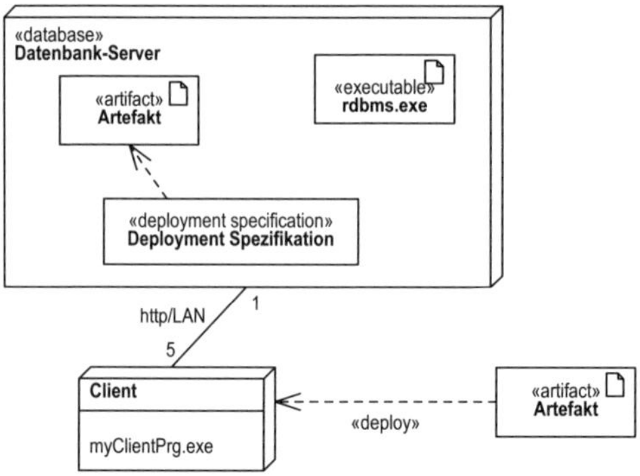

Abb. 2.4-13: Notation des Einsatz- und Verteilungsdiagramms (Deployment)

Die auf einem Knoten laufende Software kann durch eigene Symbole, wie *rdbms.exe* in der Abb. 2.4-13 notiert werden oder durch Auflistung, wie beim Client anhand von *myClientPrg.exe* gezeigt.

2.4.7 Profildiagramm

Verwandte Begriffe : *profile diagram*

Definition

Das Profildiagramm ist seit der Version 2.2 Bestandteil der UML und trägt dem Umstand Rechnung, dass immer mehr Projekte die UML an ihre eigenen Bedürfnisse anpassen.

Notation

Es gelten die Notationselemente aus der UML 2.1.

Beziehungen zwischen Elementen können als «extends», «refine» oder ähnlichem modelliert werden (Abb. 2.4-14).

UML-Versionshinweis

Das Profildiagramm ist neu seit der UML 2.2, vorher wurde ein beliebiges – meist das Klassendiagramm – genutzt, um die Herleitung von verschiedenen Stereotypen zu zeigen.

Praxis

Ein Profildiagramm kann alle Elemente beinhalten, die auch Bestandteil eines Profils sein können. Vgl. hierzu Metamodell der UML.[UML2c]

Je nach Granularität der Darstellung kann dann entschieden werden, ob Profile als Import des gesamten Profils dargestellt werden oder ob – gerade bei Verwendung von Profilen in anderen Profilen – auch die Hierarchie und Herkunft aufgezeigt werden soll.

Das Profildiagramm wurde neu eingeführt, um darzustellen, wie elementar die Verwendung von Profilen in der UML ist. Bisher war es nur möglich andere Diagrammtypen wie z.B. das Klassendiagramm hierfür zu nutzen. Der häufigen Verwendung von Profilen in der UML-Modellierung in vielen Projekten und der daraus folgenden weiten Verbreitung, wird durch die Einführung des Diagrammtyps Rechnung getragen.

Das Profildiagramm stellt die Herleitung der eigendefinierten Stereotypen dar, es dient zur Gruppierung und Sammlung von spezialisierten oder umdefinierten UML-Stereotypen.

Zur Definition wird ein neues Diagramm erstellt, in dem dann zunächst der Namensbereich des Profils erstellt wird. Innerhalb des Profils werden dann die einzelnen Elemente nach gleichem Schema wie bisher modelliert. Ein Beispiel ist in Abb. 2.4-14 dargestellt.

Wird ein vorhandener Stereotyp um neue, speziellere Eigenschaften erweitert, so wird die «extends»-Beziehung genutzt. Bei einer Umdefinition eines eigenen Stereotypen wird die «refines»-Beziehung verwendet.

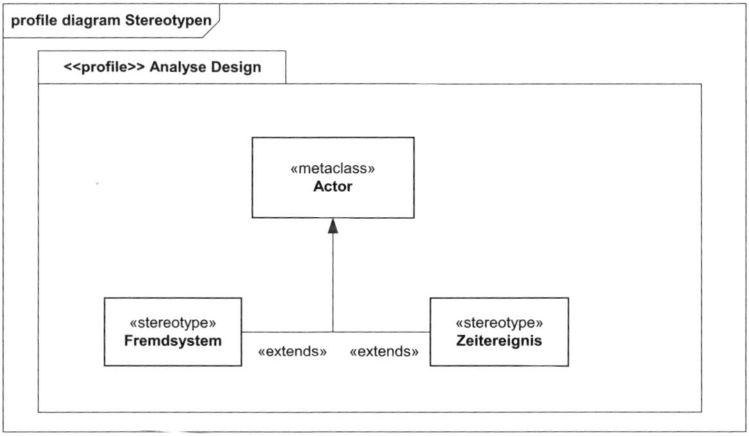

Abb. 2.4-14: Beispiel eines Profildiagramms

2.5 Aktivitätsdiagramm

Verwandte Begriffe: *activity diagram*, *Ablaufdiagramm*; *flow chart*, *Programmablaufplan*, *Objektflussdiagramm.*

Definition

Ein Aktivitätsdiagramm beschreibt einen Ablauf und wird definiert durch verschiedene Arten von Knoten, die durch Objekt- und Kontrollflüsse miteinander verbunden sind. Es werden Aktions-, Objekt- und Kontrollknoten unterschieden.

Notation

Ein Aktivitätsdiagramm besteht aus Start- und Endknoten (früher: Start- und Endzustand), einer Reihe von (Aktions-, Kontroll- und Objekt-) Knoten sowie Objekt- und Kontrollflüssen, mit denen diese Knoten verbunden sind. In Abb. 2.5-1 sehen Sie ein Beispiel hierfür. Das gesamte Modell wird Aktivität genannt und trägt den Namen *Kfz reservieren*. Innerhalb dieser Aktivität befinden sich eine Reihe von Aktionskonten (*Kunde identifizieren, Reservierungswunsch aufnehmen* etc.), die die elementaren Ablaufschritte darstellen sowie zwei Entscheidungsrauten (Kontrollknoten), die entsprechend der angegebenen Bedingungen an den ausgehenden Kontrollflüssen den Kontrollfluss verzweigen.

Im unteren Teil des Beispiels befindet sich der Objektknoten *Reservierungsbestätigung*, zusammen mit den ein- und ausgehenden Kanten (Pfeilen) des Objektknotens wird dies auch Objektfluss genannt.

UML-Versionshinweis

1.x

In UML 2.0 heißen die Schritte nicht mehr Aktivitäten, sondern Aktionen und das was hier als Aktivitätsdiagramm beschrieben wird, heißt jetzt Aktivität.

Die Semantik der Aktivitätsdiagramme entspricht jetzt weitgehend der Petrinetzsemantik. Insofern gibt es sehr viele weitreichende Veränderungen im Detail.

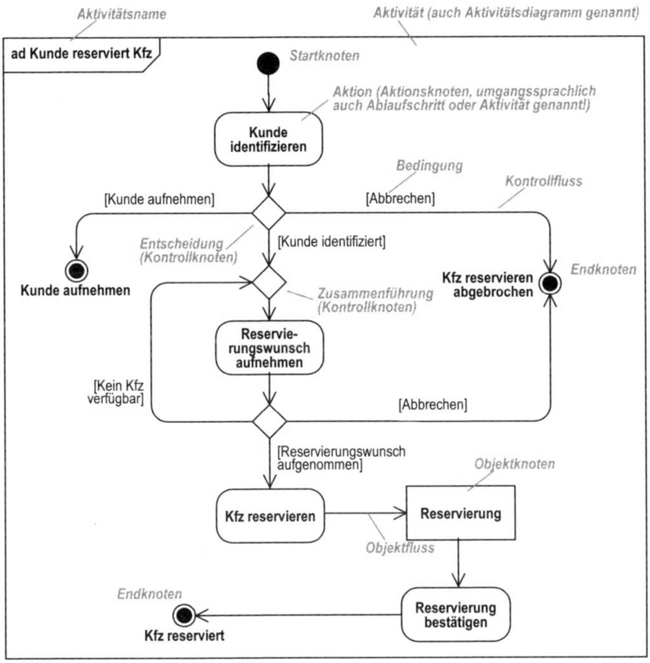

Abb. 2.5-1: Beispiel eines Aktivitätsdiagramms

Praxis

Mit Aktivitätsdiagrammen können Abläufe, wie sie beispielsweise in Anwendungsfällen in natürlicher Sprache beschrieben sind, grafisch dargestellt werden. Mit natürlicher Sprache können gewöhnlich nur sehr einfache Abläufe verständlich beschrieben werden, mit Aktivitätsdiagrammen hingegen ist es möglich, auch sehr komplexe Abläufe mit vielen Ausnahmen, Varianten, Sprüngen und Wiederholungen noch übersichtlich und verständlich darzustellen.

Die Semantik der einzelnen Modellelemente unterscheidet sich teilweise trotz gleicher Bezeichnungen erheblich von den Modellelementen in UML 1.x. Beachten Sie hierzu unbedingt den Versionshinweis am Ende des Abschnittes.

Am verwirrendsten für den Umstieg von UML 1.x-Aktivitätsdiagrammen zu denen in UML 2.0 ist die Bezeichnung *Aktivität*. Das Element, das am ehesten der Bedeutung der 1.x-Aktivitäten entspricht, ist die Aktion, während ein ganzes Aktivitätsmodell nun Aktivität genannt wird. Um diese Bezeichnungsprobleme zu vermeiden, verwende ich in diesem Buch häufig den Begriff Ablaufschritt oder Schritt und meine damit einen Aktionsknoten.

Aktionen sind das primitivste (d.h. elementarste) Modellelement zur Beschreibung von Verhalten. Allerdings ist eine hierarchische Schachtelung in der Weise möglich, dass ein Aktionsknoten wiederum eine Aktivität aufruft. In der Abb. 2.5-3 existiert innerhalb der Aktivität *A* ein Aktionsknoten *B*. Der Aktionskonten *B* ruft die Aktivität *B* auf, die wiederum aus den Schritten *E*, *F* und *G* besteht. D.h. in einem Aktivitätsdiagramm kann ein einzelner Ablaufschritt wiederum ein Unter-Aktivitätsdiagramm enthalten, was durch ein kleines Gabelsymbol innerhalb des Knotens gekennzeichnet wird. Wichtig ist zu wissen, dass beispielsweise der Aktionsknoten *B* formal nicht identisch ist mit der gleichnamigen Aktivität *B*, sondern das der Aktionsknoten *B* das Verhalten der Aktivität *B* aufruft. Typischerweise haben Aktion (Schritt) und Aktivität aber den gleichen Namen und sind darüber zuzuordnen.

In diesem Sinne können Aktivitäten wiederum Aktivitäten beinhalten, was bei der korrekten Begriffswahl (Aktion oder Aktivität) eine erhöhte Aufmerksamkeit erfordert. Für die Projektpraxis sind Vereinfachungen zu erwarten, d.h. es wird streng genommen zu falschen Begriffsverwendungen kommen.

Begriffswahl für Aktionsknoten: Schritt, Ablaufschritt, Aktivitätsschritt

In diesem Buch verwende ich ebenfalls vereinfachend und angelehnt an UML 1.x den Begriff *Aktivitätsdiagramm* oder *Aktivitätsmodell*, wenn eine UML 2.0-Aktivität gemeint ist und die Begriffe Schritt, Ablaufschritt oder Aktivitätsschritt, wenn ein Aktionsknoten gemeint ist, der ggf. auch weiter untergliedert werden kann.

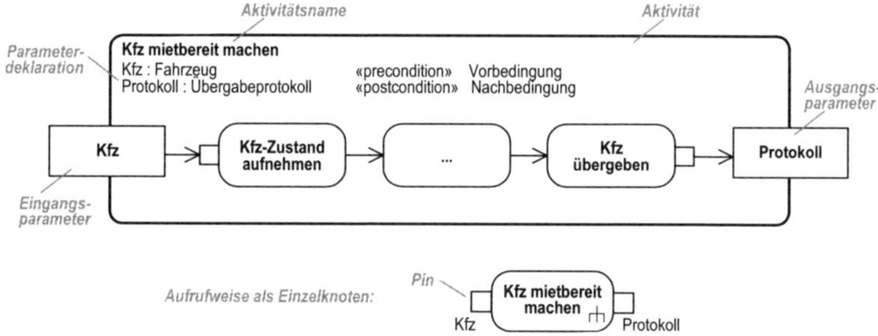

Abb. 2.5-2: Notation von Aktivitätsparametern

Sofern nur einfache Diagrammelemente wie Aktionen und Kontrollflüsse verwendet werden, sind solche Diagramme weitgehend allgemein verständlich. Bei Verwendung spezieller Konstrukte wie beispielsweise Signale, Objektknoten etc. sind hingegen grundlegende UML-Kenntnisse notwendig. Die einzelnen möglichen Elemente werden in den folgenden Abschnitten ausführlich dargestellt und erläutert.

Ein- oder ausgehende Objekte in einem Aktivitätsmodell werden als Parameter der Aktivität bezeichnet. Diese Objekte werden auf dem Rahmen platziert und zusätzlich unterhalb des Namens der Aktivität mit Typangabe aufgelistet.

Vor- und Nachbedingung

Innerhalb einer Aktivität können mit den Schlüsselwörtern «precondition» und «postcondition» Vor- und Nachbedingungen für die Aktivität definiert werden. Die Vorbedingung beschreibt den vorausgesetzten Zustand beim Eintritt in die Aktivität, die Nachbedingung den Zustand beim Verlassen der Aktivität.

Eine Aktion ist entweder eine elementare Aktion oder besitzt wiederum Unteraktionen, d.h. eine Aktion kann verschachtelt sein und eine komplette Aktivität beinhalten. Aktionen mit Unteraktivitätsmodellen können durch ein kleines Gabelsymbol innerhalb der Aktion gekennzeichnet werden.

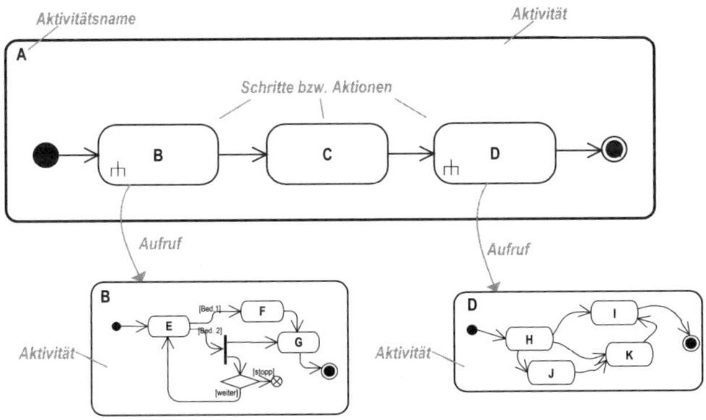

Abb. 2.5-3: Verschachtelung von Aktivitäten

Konnektoren

Kontrollflüsse können mit Konnektoren versehen werden, um lange, quer durchs Diagramm laufende Linien zu vermeiden oder Kontrollflüsse beispielsweise auf einem anderen Blatt fortzuführen. Ein Konnektor ist ein Kreis, in dem ein eindeutiger Bezeichner steht, beispielsweise ein Buchstabe. Ein Konnektor muss immer ein gleichnamiges Gegenstück haben. Die Bedeutung ist, dass die Transition implizit zwischen den beiden Konnektoren fortgeführt wird.

Abb. 2.5-4: Notation von Konnektoren

Semantik

Eingehende Kontrollflüsse, Start der Aktion

Eine Aktion hat gewöhnlich einen eingehenden und einen ausgehenden Kontrollfluss. Ein eingehender Kontrollfluss löst die Aktion aus. Sofern zu einer Aktion mehrere eingehende Kontrollflüsse existieren, müssen *alle* diese Kontrollflüsse vorliegen (d.h. ein Token anliegen), bevor die Aktion startet (implizite Synchronisation).

Ausgehende Kontrollflüsse, Ende der Aktion

Die Beendigung einer Aktion ist verbunden mit dem Bereitstellen eines Tokens an den ausgehenden Kontrollflüssen. Die Beendigung einer Aktion erfolgt erst, wenn alle ausgehenden Kontrollflüsse dazu bereit sind. Hat eine Aktion mehrere ausgehende Kontrollflüsse, „feuern" alle Kontrollflüsse gleichzeitig. Sind ausgehende Kontrollflüsse mit Bedingungen versehen, feuern die, denen es möglich ist sofort.

Trennung von Aufruf und Verhalten

Die einzelnen Schritte (Aktionen) im Ablauf sind eigentlich nur Aktivitätsaufrufe, d.h. die UML unterscheidet zwischen einer Aktion und einem Aktivitätsaufruf. Somit wird es beispielsweise möglich, eine Aktion in mehreren Aktivitätsdiagrammen zu verwenden, d.h. von mehreren Ablaufkontexten her aufzurufen (streng genommen ist es nicht die Aktion, die mehrfach verwendet werden kann, sondern ihr Verhalten). Ebenso kann damit ein verschachtelter Unterablauf aufgerufen werden.

Startknoten, Endknoten

Ein Startknoten hat ausgehende, aber keine eingehenden Kontrollflüsse. Ein Ablaufende oder Endknoten hat mindestens einen eingehenden, aber keine ausgehenden Kontrollflüsse.

Ein Aktivitätsdiagramm besitzt mindestens einen Start- und einen Endknoten oder entsprechende Parameter. Existieren mehrere Startknoten, lösen sie jeweils eigene, d.h. nebenläufige Kontrollflüsse aus. Existieren mehrere Endknoten, führt jeder Endknoten zur sofortigen Beendigung aller Aktionen im gesamten Diagramm. Bei Erreichen eines Ablaufendes wird nur der zum Ablaufende führende Kontrollfluss gestoppt, alle Übrigen laufen weiter.

UML-Versionshinweis

1.x

Bis UML 1.x waren Aktivitätsdiagramme als Mischung von Zustandsdiagrammen, Petrinetzen und Ereignis-Diagrammen definiert, was zu allerlei theoretischen und praktischen Problemen führte. Eine der wichtigsten Neuerungen in UML 2.0 ist die komplette Neudefinition der Aktivitätsdiagramme. In diesem Bereich hat sich sehr viel geändert:

- Die einzelnen Schritte im Ablauf heißen nicht mehr *Aktivitäten*, sondern *Aktionen*. Um Verwirrung zu vermeiden, wird in diesem Buch häufig der Begriff *Ablaufschritt* oder *Schritt* verwendet.
- Eine Menge von Schritten, also letztendlich ein Ablaufdiagramm bzw. Teilablauf, wird nun *Aktivität* genannt.
- Aktivitätsdiagramme verfügen jetzt über eine Petrinetz-ähnliche Semantik.

- Während bis UML 1.x jede eingehende Transition einen Ablaufschritt gestartet hat, ist jetzt eine implizite Synchronisation vorhanden, d.h. alle eingehenden Kontrollflüsse müssen vorliegen, damit die Aktion startet.
- Es existieren einige neue Elemente:
  - Aktivitäten können Objektknoten als Ein- und Ausgangsparameter haben.
  - Es können Vor- und Nachbedingungen für Aktivitäten definiert werden.
  - Anfangs- und Endzustand heißen jetzt *Startknoten* und *Endknoten*. Zusätzlich gibt es jetzt das *Ablaufende*.
  - Verantwortlichkeitsbereiche (früher sog. Schwimmbahnen, jetzt allgemeiner Partitionen genannt) können mehrdimensional sein, jede Aktion kann mehreren Partitionen zugeordnet werden.
  - Es können unterbrechbare Bereiche definiert werden, die asynchron durch ein eintreffendes Signal verlassen, d.h. unterbrochen werden.
  - Nebenläufigkeit und nebenläufige Mengenverarbeitung können definiert werden.
  - Kontrollflüsse, die im Diagramm sehr weite Entfernungen zurücklegen, können mit Hilfe von Konnektoren vereinfacht dargestellt werden.
  - Synchronisationsbalken können individuelle Zusammenführungsspezifikationen haben.

2.5.1 Kontrollknoten

Verwandte Begriffe: *Splitting*; *Synchronisation*, *Teilung*, *Zusammenführung*, *Verzweigung*.

Definition

Ein *Startknoten* ist ein Startpunkt eines Ablaufes in einem Aktivitätsdiagramm. Der Begriff Anfangsknoten ist synonym zu verwenden.

Ein *Endknoten* beendet den beschriebenen Ablauf, d.h. alle Aktionen und Kontrollflüsse.

Ein *Ablaufende* beendet einen einzelnen Objekt- und Kontrollfluss.

Eine *Entscheidung* (auch Verzweigung genannt) ist ein Kontrollknoten mit einem oder mehr ausgehenden Objekt- und Kontrollflüssen, an dem aufgrund von Bedingungen entschieden wird, welcher von mehreren weiterführenden Kontrollflüssen fortgesetzt werden soll.

Eine *Synchronisation* (Konjunktion, UND-Verknüpfung) ist ein Kontrollknoten, bei dem auf alle eingehenden Objekt- und Kontrollflüsse gewartet wird, bevor der Kontrollfluss fortgesetzt wird.

Eine *Teilung* (Splitting) ist ein Schritt im Ablauf, an dem ein eingehender Objekt- und Kontrollfluss ohne Bedingungen sofort in mehrere ausgehende nebenläufige Kontrollflüsse geteilt wird.

Eine *Zusammenführung* (Disjunktion, ODER-Verknüpfung) ist ein Kontrollknoten, bei dem jeder von mehreren eingehenden Objekt- und Kontrollflüssen sofort zur einem gemeinsamen ausgehenden Kontrollfluss führt.

Notation

Ein Startknoten wird durch einen ausgefüllten Kreis dargestellt. Ein Endknoten hat zusätzlich einen äußeren Ring. Ein Ablaufende wird dargestellt durch einen nichtausgefüllten gekreuzten Kreis.

Eine Entscheidung wird durch eine nicht ausgefüllte Raute dargestellt, die einen eingehenden und mehrere ausgehende Kontrollflüsse hat.

Eine Synchronisation wird durch einen Balken repräsentiert, der mehrere eingehende und einen ausgehenden Kontrollfluss hat.

Eine Teilung wird ebenfalls durch einen Balken dargestellt, der aber einen eingehenden und mehrere ausgehende Kontrollflüsse hat.

Eine Zusammenführung wird dargestellt durch eine nicht ausgefüllte Raute mit mehreren eingehenden und einem ausgehenden Kontrollfluss.

Entscheidung und Zusammenführung können ebenfalls kombiniert werden, die Raute hat dann mehrere eingehende und mehrere ausgehende Kontrollflüsse.

Mischformen sind möglich

Synchronisation und Teilung können ebenfalls kombiniert werden, der Balken hat dann mehrere eingehende und mehrere ausgehende Kontrollflüsse.

Außerdem kann eine individuelle Spezifikation des Verhaltens definiert werden (siehe *{joinSpec=...}* bei der spezifizierten Synchronisation), wozu die ein- und ausgehenden Kontrollflüsse ggf. eindeutig zu benennen sind.

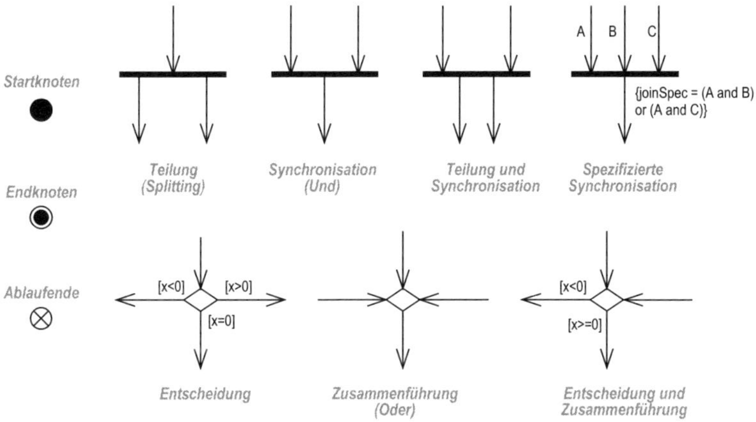

Abb. 2.5-5: Notation von Entscheidung, Synchronisation, Teilung und Zusammenführung

UML-Versionshinweis

1.x

In früheren UML-Versionen war es notwendig, dass es zu einer Teilung des Kontrollflusses auch ein entsprechendes Gegenstück gab, bei dem die Kontrollflüsse wieder synchronisiert wurden. Dies ist durch die Petrinetz-Semantik jetzt nicht mehr notwendig.

2.5.2 Objektknoten, Objektfluss und Parameter

Verwandte Begriffe: *Objekt*, *Objektzustand*.

Definition

Ein *Objektknoten* gibt an, dass ein Objekt oder eine Menge von Objekten existiert. Sie können als ein- oder ausgehende *Parameter* in Aktivitäten verwendet werden.

Ein *Objektfluss* ist wie ein Kontrollfluss, bei dem jedoch Objekte (Objekttoken) transportiert werden.

Notation und Beispiele

Objektknoten werden durch so genannte Pins dargestellt. Dies sind kleine, am äußeren Rand eines Aktionsknotens anliegende Quadrate.

Alternativ können Objektknoten durch Rechtecke dargestellt werden, die den Namen des Objektes und optional in eckigen Klammern den Objektzustand enthalten.

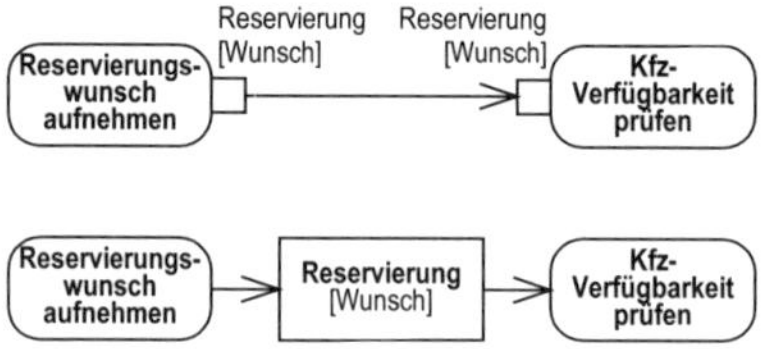

Abb. 2.5-6: Notation und Beispiele Objektknoten

Ein Objektfluss wird genauso notiert wie ein Kontrollfluss, nur das in der Mitte ein Objektknoten steht, d.h. der Pfeil von oder zu einem Objektknoten führt.

Parameter werden als Objektknoten notiert, die auf dem Rahmen einer Aktivität liegen.

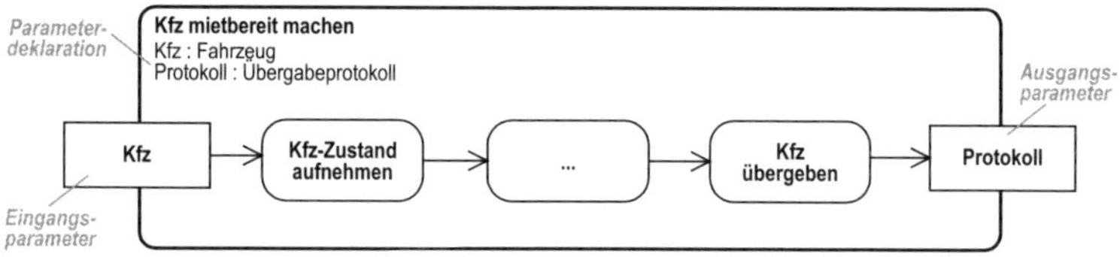

Abb. 2.5-7: Notation von Parametern

Innerhalb einer Aktivität können außerdem die Parameter mit Namen und Typ näher spezifiziert werden.

Semantik

Während die Semantik für mehrere ausgehende Kontrollflüsse an einem Aktionsknoten so definiert ist, dass die Bedingungen aller ausgehenden Kontrollflüsse erfüllt und zur Aufnahme eines Tokens bereit sein müssen, gilt für ausgehende Objektknoten (Pins) eine andere Semantik. Gehen von einem Pin mehrere Kanten ab, gilt eine Exklusiv-Oder-Semantik, d.h. der erste Kontroll- bzw. Objektfluss der einen Token aufnehmen kann, übernimmt sofort den Kontrollfluss, die anderen ausgehenden Kanten gehen leer aus.

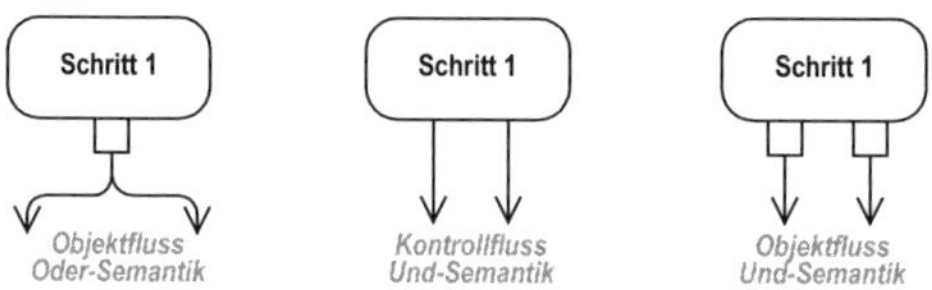

Abb. 2.5-8: Und-/Oder-Semantik bei Kontroll- und Objektflüssen

Praxis

Mit dem Objektfluss wird ausgedrückt, dass die entsprechenden Objekte von den Aktionsknoten vorausgesetzt bzw. erzeugt oder verändert werden. Eine

Aktion startet erst dann, wenn die benötigten Objekte vorliegen. Am Ende der Aktion werden die neuen oder geänderten Objekte bereitgestellt.

Zustände von Objekten müssen nicht modelliert werden, die Notation von Objektzuständen ist lediglich eine Möglichkeit, solche Sachverhalte hervorzuheben, soweit dies von besonderer Bedeutung ist.

Parametergruppe. Pins können wiederum zu Gruppen zusammengefasst werden. In diesem Fall wird eine Menge von Pins durch einen gemeinsamen, ebenfalls am Aktionsknoten anliegenden Rahmen umschlossen.

Parametergruppe (parameter sets)

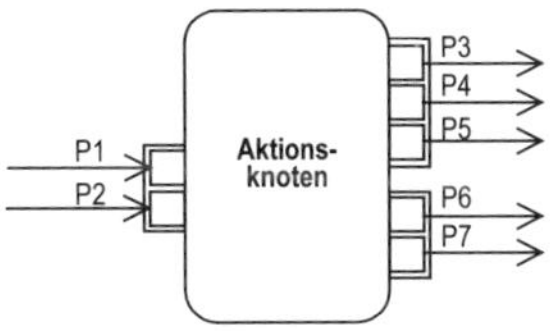

Abb. 2.5-9: Notation von Parametergruppen

Innerhalb einer Parametergruppe müssen alle definierten Objekte bereitstehen, bevor die Aktivität startet. Umgekehrt müssen erst alle Objekte einer Parametergruppe bereitgestellt sein, bevor der Kontrollfluss weiter geht.

Sofern mehrere Parametergruppen definiert werden, ist zu beachten, dass der Objektfluss immer nur mit einer von mehreren Parametergruppen fließen kann. Während bei normalen ausgehenden Objekt- und Kontrollflüssen alle vorliegen müssen und der Kontrollfluss an alle weitergegeben wird, gilt dies bei Parametergruppen nur jeweils für eine Gruppe. Wenn also in dem Beispiel in Abb. 2.5-9 die Objekte P6 und P7 vorliegen, geht der Kontrollfluss weiter. Die andere Parametergruppe mit P3, P4 und P5 kommt nicht mehr zum Zuge.

Ausnahmeparameter. Ausnahmeparameter führen zu einem Kontrollfluss unabhängig und unter Ausschluss aller anderen Parameter. Tritt die entsprechende Ausnahme auf, geht der Kontrollfluss unabhängig von allen anderen Kontroll- und Objektflüssen über den Ausnahmeparameter weiter. Ausnahmeparameter werden durch ein kleines Dreieck gekennzeichnet.

Exceptions

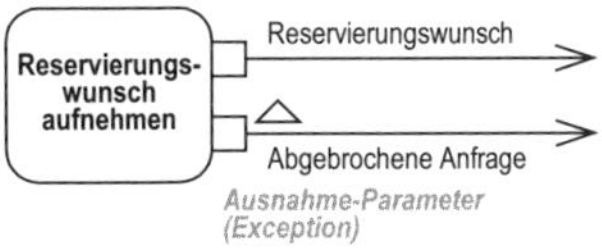

Abb. 2.5-10: Notation von Ausnahmeparametern

Streams. Gewöhnlich werden von Aktivitäten Objekte erzeugt, verändert oder vorausgesetzt und der Kontrollfluss richtet sich danach, wann diese Objekte vorliegen. Ein anderes Konzept sind sog. Streams, hierbei handelt es sich um einen permanenten Objektfluss, d.h. bestimmte Aktivitäten produzieren mehr oder weniger kontinuierlich Objekte und diese werden ebenso kontinuierlich an andere Aktivitäten weitergegeben. Streams werden ähnlich notiert wie Objektknoten, erhalten jedoch zusätzlich das Schlüsselwort *{stream}* oder werden grafisch durch einen ausgefüllten Pin dargestellt.

Eingehende Streams werden erst verarbeitet, wenn alle übrigen nicht-stream Objekt- und Kontrollflüsse vorliegen.

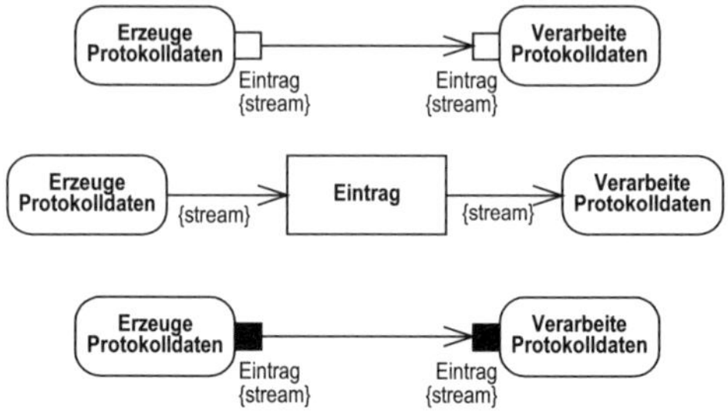

Abb. 2.5-11: Notationsmöglichkeiten für kontinuierliche Objektflüsse (Streams)

UML-Versionshinweis

1.x

In früheren UML-Versionen gab es deutlich weniger Modellierungsmöglichkeiten und Modellelemente. Neu sind die Pins (eigenes Modellelement), Parametergruppen, Ausnahmen und Streams.

2.5.3 Partitionen (Verantwortlichkeitsbereiche)

Verwandte Begriffe: *Schwimmbahnen*, *swimlane*, *Eigenschaftsbereiche.*

Definition

Eine Partition (Verantwortlichkeits- bzw. Eigenschaftsbereich) beschreibt innerhalb eines Aktivitätsmodells, wer oder was für einen Knoten verantwortlich ist oder welche gemeinsame Eigenschaft sie kennzeichnet.

Notation

Partitionen können grafisch dargestellt werden durch senkrechte Linien, wodurch das Diagramm in Bahnen aufgeteilt wird, die aussehen wie Schwimmbahnen. Die Knoten eines Aktivitätsdiagramms befinden sich stets genau innerhalb einer Bahn.

Seit UML 2.0 sind auch mehrdimensionale Partitionen möglich, was aber grafisch recht bald unübersichtlich wird.

Eine andere Form Partitionen zu notieren, ist den Namen der Partition in Klammern direkt in den Knoten zu schreiben.

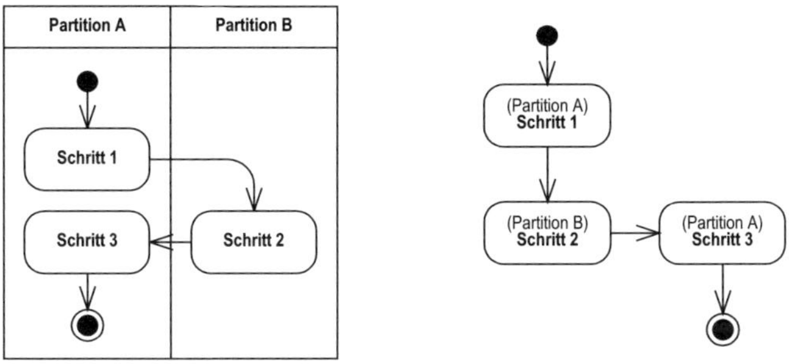

Abb. 2.5-12: Notation von Verantwortlichkeitsbereichen

Erläuterung

Aktivitätsdiagramme können in Partitionen bzw. Verantwortlichkeitsbereiche unterteilt werden, mit denen die Knoten anderen Elementen und Strukturen zugeordnet werden können. Nach welchen Sachverhalten die Partitionen unterschieden werden, ist frei wählbar. Beispielsweise lässt sich damit ausdrücken, zu welcher Organisationseinheit oder Komponente ein Teil eines Aktivitätsablaufes gehört.

Multiple Partitionen

Ein Knoten kann mehreren Partitionen zugeordnet werden (multiple Partitionen). Die beiden Notationsformen (in Schwimmbahnen und im Knotensymbol) können kombiniert werden.

UML-Versionshinweis

1.x

Die Notation innerhalb des Knotens wurde in der Praxis teilweise auch schon verwendet, ohne dass dies offiziell vorgesehen war. Für die Praxis neu ist allerdings die Mehrdimensionalität.

2.5.4 Signale und unterbrechbare Bereiche

Verwandte Begriffe: *signal*, *event*, *Unterbrechung*.

Definition

Ein empfangenes Signal ist die Benachrichtigung über ein zu beachtendes Vorkommnis, das einen Objektfluss auslöst. Der ausgehende Objektknoten enthält das empfangene Signal.

Ein gesendetes Signal ist ein Vorkommnis, über das während eines Kontrollflusses benachrichtigt wird.

Notation

Das Senden eines Signals wird dargestellt durch ein Rechteck, das auf einer Seite spitz ist. Bei Signalen, die empfangen werden, wird ein Rechteck gezeichnet, bei dem auf einer Seite eine Spitze hineinragt. Für Zeitereignisse (Signalempfang) kann alternativ ein Sanduhrsymbol verwendet werden.

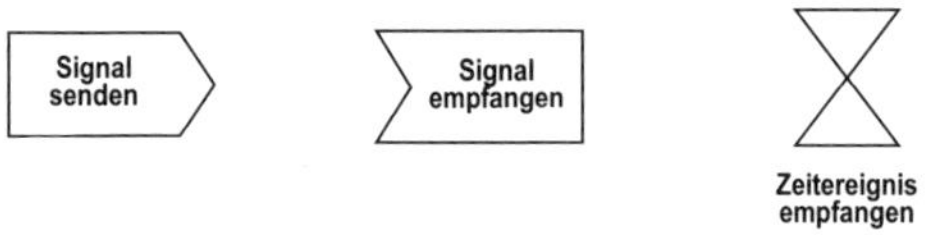

Abb. 2.5-13: Notation Signale

Erläuterung

Während eines Kontrollflusses können Singale gesendet oder empfangen werden. Damit können beispielsweise verschiedene nebenläufige Prozesse synchronisiert und auf äußere Ereignisse reagiert werden.

In ähnlicher Form lassen sich auch innerhalb von Aktivitätsdiagrammen unterbrechbare Bereiche definieren. Knoten, die innerhalb eines unterbrechbaren Bereiches liegen, werden durch Eintritt des Ereignisses (Signalempfang) sofort unterbrochen und der Kontrollfluss an anderer definierter Stelle fortgesetzt.

Hier wird ein innerhalb des unterbrechbaren Bereiches liegendes Signalempfang-Symbol verwendet, dessen weiterführender Kontrollfluss beim Empfang des Signals aktiv wird und für den die anderen laufenden Kontrollflüsse und Aktivitäten im unterbrechbaren Bereich unterbrochen werden. Ein unterbrechbarer Bereich wird durch einen gestrichelten Rahmen innerhalb eines Aktivitätsdiagrammes gekennzeichnet.

Der unterbrechbare Bereich ist unabhängig von einem Signalempfang. Er wird aber häufig in Kombination damit verwendet. Entscheidend ist die Unterbrechungskante. Ihr Ursprung kann auch eine Aktion oder Entscheidung sein.

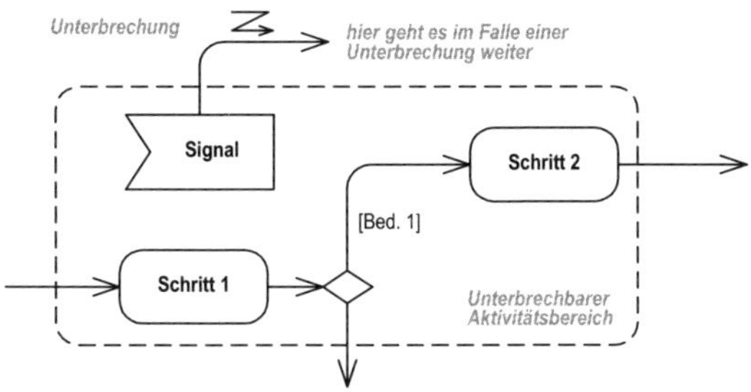

Abb. 2.5-14: Notation eines unterbrechbaren Bereiches

UML-Versionshinweis

Signalempfang und Signalsendung gab es auch schon vor UML 2.0, unterbrechbare Bereiche konnten aber in früheren Versionen nicht definiert werden und stellen somit eine wichtige Erweiterung dar.

1.X

2.5.5 Mengenverarbeitungsbereiche

Verwandte Begriffe: engl. *Expansion Regions*

Definition

Ein Mengenverarbeitungsbereich ist ein zusammenhängender Teilbereich eines Aktivitätsdiagrammes, über dessen Grenze mengenwertige Objektknoten (z.B. Listen) fließen, deren Einzelelemente innerhalb des Bereiches nebenläufig oder sequenziell verarbeitet werden.

Notation

Der Mengenverarbeitungsbereich wird durch eine gestrichelte Linie umrahmt. Der Bereich ist mit den Schlüsselworten «parallel», «iterative» oder «stream» versehen. Auf dem Rahmen befindet sich ein Vierfach-Pin-Symbol (vier aneinander gereihte kleine Quadrate, engl. *list pin box*), das die Menge der eingehenden Objekte darstellt und ein weiteres gleiches Symbol, welches die Menge der ausgehenden Objekte symbolisert. Innerhalb des Bereiches befinden sich ganz normal Knoten und Kontrollflüsse.

Wenn der Mengenverarbeitungsbereich nur einen einzelnen Knoten enthält, kann alternativ auch als Kurzschreibweise ein normaler Aktionsknoten gezeichnet werden, der an seiner Außenseite die Vierfach-Pin-Symbole trägt.

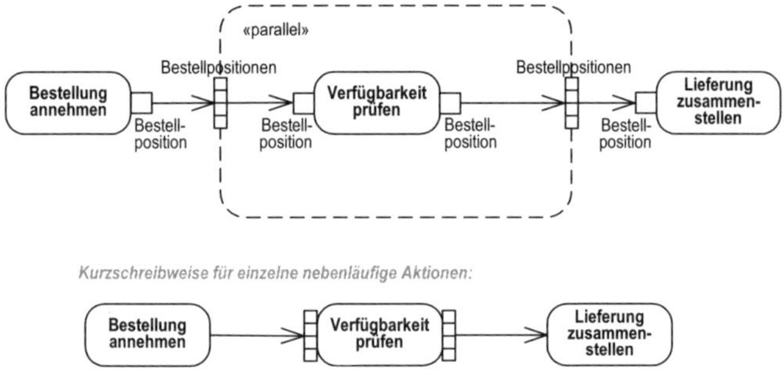

Abb. 2.5-15: Notation nebenläufiger Mengenverarbeitung

Beschreibung

Grundsätzlich ist es nicht notwendig, dass die ein- und ausgehenden Mengen identisch sind. Es können andere Objekte in der Menge vorhanden sein und auch eine andere Anzahl. Beispielsweise kann für jedes eingehende Objekt ein oder mehrere neue Objekte erzeugt werden. Oder es werden eingehende Objekte gefiltert, so dass die ausgehende Menge kleiner ist.

Mit dem Schlüsselwort «parallel» wird gekennzeichnet, dass die einzelnen Objekte zeitlich parallel zueinander verarbeitet werden können. Mit dem Schlüsselwort «iterative» wird eine sequenzielle Verarbeitung der Objekte gekennzeichnet.

UML-Versionshinweis

1.x

In früheren Versionen gab es auch bereits so genannte Iterationen, diese waren aber bezüglich ihrer Semantik und praktischen Handhabung mangelhaft. Die jetzige Notation und Semantik ist eine deutliche Verbesserung.

concurrent

Das Schlüsselwort «concurrent» wurde von in der finalen UML-Version 2.0 in «parallel» umbenannt.

2.6 Zustandsdiagramm

Verwandte Begriffe: engl. *state diagram*, engl. *state transition diagram*, engl. *state machine*, *Zustandsübergangsdiagramm*, *Endlicher Automat*.

Definition und Beschreibung

Ein Zustandsdiagramm zeigt eine Folge von Zuständen, die ein Objekt im Laufe seines Lebens einnehmen kann und aufgrund welcher Stimuli Zustandsänderungen stattfinden.

Ein Zustandsdiagramm beschreibt eine hypothetische Maschine (Endlicher Automat), die sich zu jedem Zeitpunkt in einer Menge endlicher Zustände befindet. Sie besteht aus:

- einer endlichen, nicht-leeren Menge von Zuständen;
- einer endlichen, nicht-leeren Menge von Ereignissen;
- Zustandsübergängen;
- einen Anfangszustand
- und einer Menge von Endzuständen.

Die einzelnen Bestandteile werden in den folgenden Abschnitten näher erläutert.

Beispiel

Das folgende Beispiel zeigt die Zustandsübergänge für eine Flugreservierung. Sofern die Namen des Ereignisses und der Aktionsoperation übereinstimmen, ist nur die Operation aufgeführt. Der Startzustand führt bei Einrichtung des Fluges in den Zustand *OhneReservierung*. Bei Eintritt in diesen Zustand wird die Operation *Ruecksetzen* ausgeführt. Wird nun eine Reservierung für diesen Flug vorgenommen, wechselt das Objekt in den Zustand *TeilweiseReserviert*. Mit dem Ereignis *Reservieren* ist die gleichnamige Aktion *Reservieren* (realisiert durch eine Operation) verbunden. In dieser Operation findet die eigentliche Reservierung statt und der interne Reservierungszähler wird aktualisiert. Nach Abschluss dieser Aktion befindet sich das Objekt im Zustand *TeilweiseReserviert*.

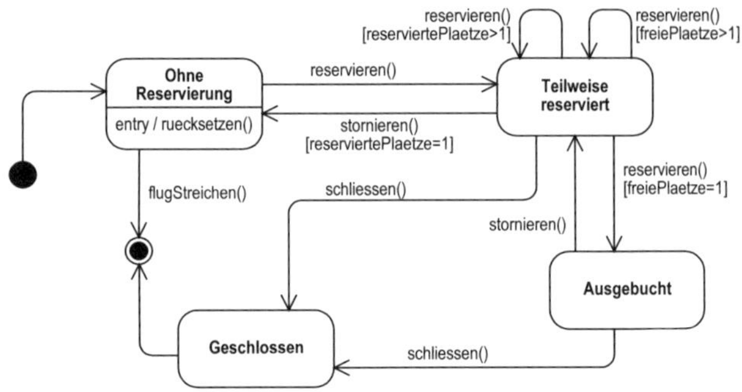

Abb. 2.6-1: Beispiel Zustandsdiagramm

Jede weitere Reservierung führt zur selben Aktion. Solange noch freie Plätze vorhanden sind, bleibt das Objekt im Zustand *TeilweiseReserviert*. Ist nur noch ein Platz frei, wird in den Zustand *Ausgebucht* gewechselt. Die Stornierung von reservierten Plätzen erfolgt in ähnlicher Weise. Das Zustandsdiagramm beschreibt also, durch welche Ereignisse welche Aktionen ausgelöst werden und wann diese (und damit der Aufruf der entsprechenden Operationen) zulässig sind.

2.6.1 Zustand

Verwandte Begriffe: *state*, *Startzustand*, *Endzustand*.

Definition

Ein Zustand gehört zu einem Zustandsautomaten, beispielsweise einer Klasse und stellt eine fachlich motivierte Abstraktion bzw. Zusammenfassung einer Menge von möglichen Attributwerten dar, die die Objekte dieser Klasse einnehmen können. Zustandsdiagramme beschreiben das innere Zustandsmodell eines Objektes.

Notation

Zustände werden durch abgerundete Rechtecke dargestellt, in denen der Name des Zustandes steht. Um Diagramme übersichtlicher zu gestalten, können Zustände mehrfach in einem Diagramm vorhanden sein.

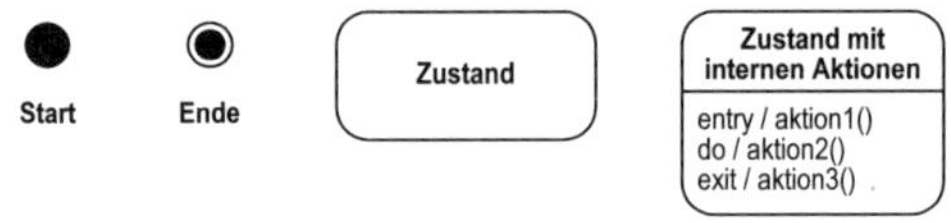

Abb. 2.6-2: Notation eines gewöhnlichen Zustandes sowie Start- und Endzustand

Erläuterung

Nicht jede Änderung eines Attributwertes des Objektes wird hier als Zustandsänderung angesehen. Die Abstraktion besteht darin, nur solche Ereignisse zu berücksichtigen, die das Verhalten des Objektes maßgeblich beeinflussen. Ein Zustand kann demnach auch als Zeitspanne zwischen zwei Ereignissen angesehen werden.

Start- und Endzustand

Zwei besondere Zustandstypen sind Start- und Endzustände (siehe aber auch ⇨117). Zu einem Startzustand kann kein Übergang stattfinden, von einem Endzustand führt kein Ereignis mehr weg.

Nicht jede Klasse muss über Zustände verfügen, sie muss dazu ein entsprechendes signifikantes Verhalten zeigen. Können alle Operationen eines Objektes unabhängig von seinem inneren Zustand in beliebiger Reihenfolge aufgerufen werden, ist eine Zustandsmodellierung nicht erforderlich.

Übergänge von einem Zustand zum nächsten werden durch Ereignisse ausgelöst. Ein Ereignis besteht aus einem Namen und einer Liste möglicher Argumente. Ein Zustand kann Bedingungen an diese Ereignisse knüpfen, die erfüllt sein müssen, damit der Zustand durch dieses Ereignis eingenommen werden kann. Bedingungen können unabhängig von einem speziellen Ereignis definiert werden.

Ereignisse können Aktionen innerhalb eines Zustandes auslösen, die durch entsprechende Operationen realisiert werden. Drei spezielle Auslöser sind vordefiniert:

- entry
  löst automatisch beim Eintritt in einen Zustand aus,
- exit
  löst automatisch beim Verlassen eines Zustandes aus,
- do
  wird immer wieder ausgelöst, solange der Zustand aktiv ist, d.h. nicht verlassen wird.

2.6.2 Ereignis und Zustandsübergang

Verwandte Begriffe: *event, Transition, Trigger.*

Definition

Ein Ereignis ist ein zu beachtendes Vorkommnis, das in einem gegebenen Kontext eine Bedeutung hat, sich räumlich und zeitlich lokalisieren lässt und gewöhnlich einen Zustandsübergang (Transition) auslöst.

Notation

Transitionen werden durch Pfeile von einem Zustand zum nächsten notiert. Ein Pfeil kann auch auf den gleichen Zustand zurückführen.

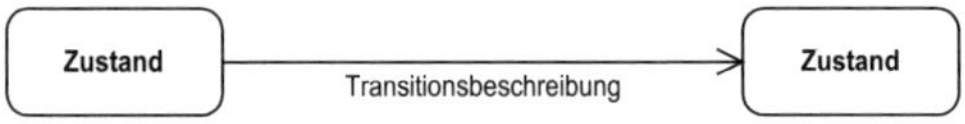

Abb. 2.6-3: Notation von Zustandsübergängen

Auf den Pfeilen werden die Transitionsbeschreibungen in folgender Form aufgetragen:

```
ereignis(argumente)
[bedingung]
/operation(argumente)
```

Senden, Empfangen, Entscheidung, Splitting, Synchronisation.

Wenn im Rahmen einer Transition Ereignisse gesendet oder empfangen werden sollen, werden hierfür entsprechende Symbole verwendet wie sie in Abb. 2.6-4 zu sehen sind (genau genommen sind Signale senden und empfangen Alternativnotationen für Signalereignisse und Aktionen). Außerdem können Entscheidungsrauten, Splitting und Synchronisation verwendet werden, wie sie bei Aktivitätsdiagrammen auch üblich sind.

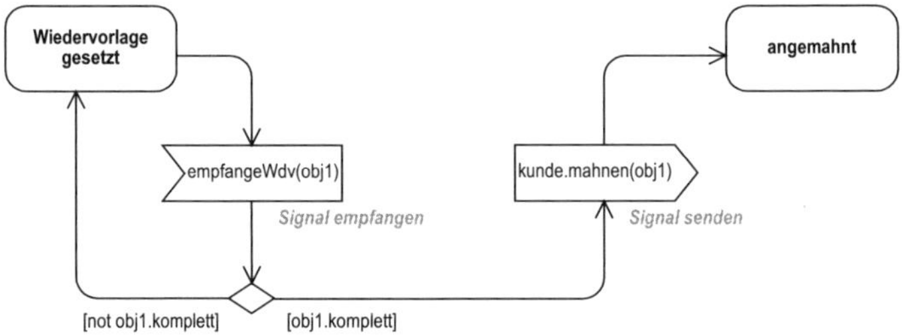

Abb. 2.6-4: Senden und Empfangen in Transitionen

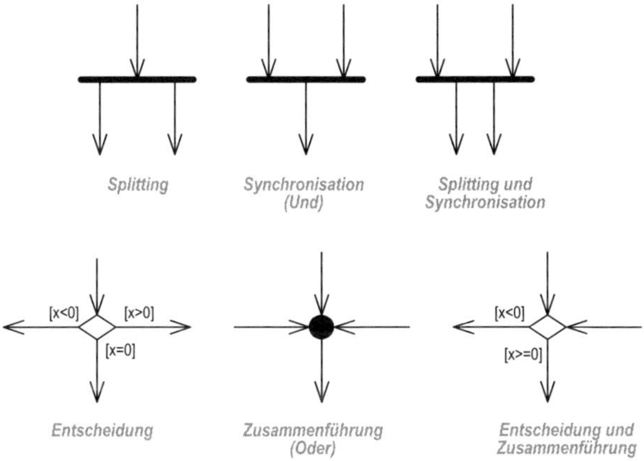

Abb. 2.6-5: Zusammenführung, Teilung und Verzweigung von Transitionen

Zu beachten ist an dieser Stelle, dass die Zusammenführung ein Punkt und nicht wie im Aktivitätsdiagramm eine Raute ist, es besteht an dieser Stelle Verwechslungsgefahr.

Erläuterung

Übergänge von einem Zustand zum nächsten werden durch Ereignisse ausgelöst. Ein Ereignis besteht aus einem Namen und einer Liste möglicher Argumente.

Ein Ereignis kann folgende Ursachen haben:

- Eine (für eine Transition definierte) Bedingung wird erfüllt.
- Das Objekt erhält eine Nachricht.
- Zeitereignisse (after, at)

Aus Zuständen und Ereignissen lassen sich Zustandsdiagramme bilden, die beschreiben, wann ein Objekt bestimmte Ereignisse erhalten darf und welche Folgen das für den Status des Objektes hat. Bestimmte Ereignisse können nur dann sinnvoll verarbeitet werden, wenn sich das Objekt in einem dafür geeigneten Zustand befindet. Ebenso kann ausgedrückt werden, dass ein Ereignis zu unterschiedlichen Aktionen führen kann, je nachdem, in welchem Zustand sich das Objekt befindet und welche Bedingungen an das Ereignis geknüpft sind.

Zustandsübergänge werden gewöhnlich durch Ereignisse ausgelöst, die auf den Pfeilen zwischen den Zuständen notiert werden. Übergänge ohne Ereignisbeschriftung werden automatisch ausgelöst, sobald die mit einem Zustand verbundenen Aktionen abgeschlossen sind (so genannte ε-Übergänge (Epsilon-Übergänge)). ε-Übergang

Bedingung

Ereignisse können mit Bedingungen versehen werden. Die an ein Ereignis geknüpften Bedingungen müssen erfüllt sein, damit der Zustandswechsel stattfinden kann. Die Bedingung kann unabhängig von dem Ereignis definiert werden.

Zwei spezielle in der UML definierte Ereignisse sind *at* und *after*:

at, after

- at(ausdruck)
  Der Ausdruck muss einen exakten, absoluten Zeitpunkt beschreiben. Sobald dieser Zeitpunkt erreicht ist, feuert die Transition. Wenn der Ausdruck beispielsweise *at(vorlagedatum)* lautet, würde vom vorgehenden Zustand zum nachfolgenden gewechselt, sobald das aktuelle Tagesdatum dem Wert in *vorlagedatum* entspricht.
- after(ausdruck)
  Hier muss der Ausdruck einen relativen Zeitpunkt beschreiben, beispielsweise würde *after(3 hours)* bedeuten, dass genau 3 Stunden nachdem der vorgehende Zustand erreicht wurde, der Wechsel zum nächsten Zustand stattfindet.

UML-Versionshinweis

1.x

In UML 1.x enthielt die Transitionspezifikation die Möglichkeit, Signale zu senden. Ab UML 2.0 sind hierfür nun spezielle Symbole zum Senden und Empfangen vorgesehen.

Das Zeitereignis when() heißt nun at().

2.6.3 Unterzustand

Zustände können in weitere, entweder sequentielle oder parallele, Unterzustände geschachtelt sein. Bei gleichzeitigen, konkurrierenden Unterzuständen wird das Zustandssymbol durch gestrichelte Linien in weitere Abschnitte unterteilt.

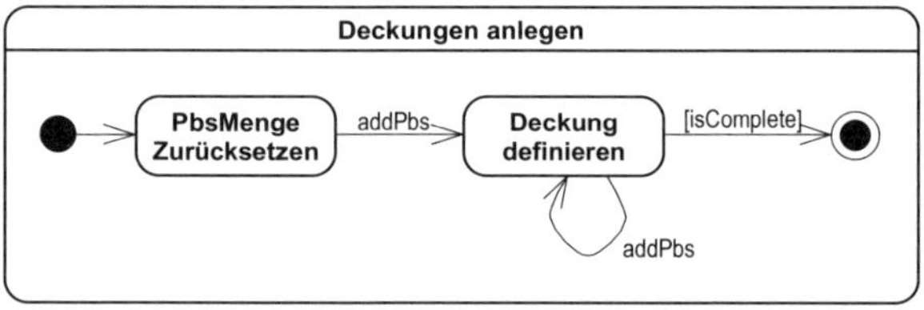

Abb. 2.6-6: Verschachtelte Zustände

Das obige Beispiel zeigt eine sequentielle Verschachtelung. Beim Abschluss eines Versicherungsvertrages wird ein Produkt ausgewählt (z.B. Hausratversicherung), das aus mehreren Produktbausteinen (*Pbs*) besteht (Fahrraddiebstahl, Glasbruch etc.). Für jeden Produktbaustein muss eine Deckung erzeugt werden. In der Abbildung wird der Zustand *„Deckungen anlegen"* aus diesem Zusammenhang gezeigt.

Die folgende Abbildung zeigt die Notation paralleler Unterzustände.

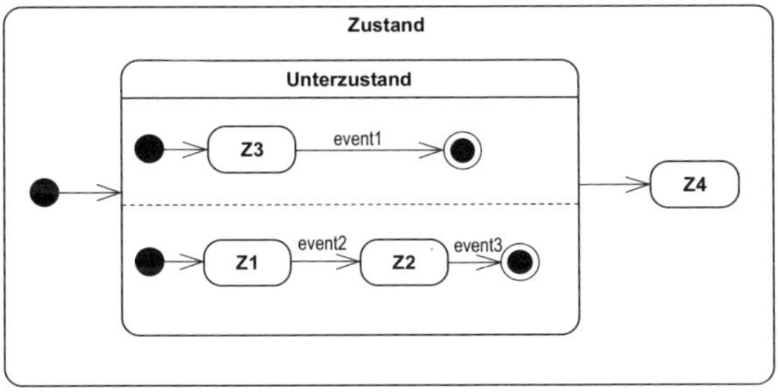

Abb. 2.6-7: Parallele Unterzustände

2.6.4 Protokollautomat

Verwandte Begriffe: engl. *protocol state machine*, *Protokoll-Zustandsautomat, Zustandsautomat*, *Zustandsdiagramm*.

Definition

Ein Protokollautomat ist eine spezielle Form des Zustandsdiagrammes, das dazu dient, lediglich die möglichen und verarbeitbaren Ereignisse ohne weitergehendes Verhalten zu beschreiben.

Beschreibung und Notation

Ein Protokollautomat ist dazu gedacht, eine spezielle einzuhaltende Reihenfolge von Operationen zu definieren. Konkret bedeutet dies, dass Protokollautomaten keine internen Aktionen (*entry, exit* etc.) definieren und keine *send*-Aktionen verwendet werden. Transitionen können Vor- und Nachbedingungen haben.

Protokollautomaten werden mit dem Schlüsselwort {protocol} gekennzeichnet.

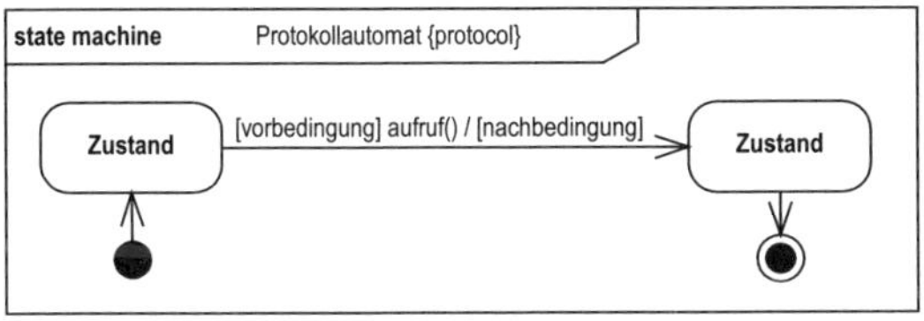

Abb. 2.6-8: Notation eines Protokollautomaten

UML-Versionshinweis

1.x

Dieses Modellelement ist neu ab UML 2.0

2.7 Interaktionsdiagramme

2.7.1 Kommunikationsdiagramm

Verwandte Begriffe: engl. *collaboration diagram*, *Kommunikationsdiagramm*, *Kooperationsdiagramm*, *Interaktionsdiagramm*, *Objektdiagramm*, *Ausprägungsdiagramm*.

Definition

Ein Kommunikationsdiagramm zeigt eine Menge von Interaktionen zwischen ausgewählten Rollen in einer bestimmten begrenzten Situation (Kontext) unter Betonung der Beziehungen zwischen den Rollen und ihrer Topographie.

Beschreibung

Sequenzdiagramm ⇨138

Objektverbindung, Assoziation ⇨80

Ein Kommunikationsdiagramm zeigt ähnliche Sachverhalte wie ein Sequenzdiagramm, jedoch aus einer anderen Perspektive. Beim Kommunikationsdiagramm stehen die Rollen und ihre Zusammenarbeit untereinander im Vordergrund; zwischen ihnen werden ausgewählte Nachrichten gezeigt. Der zeitliche Verlauf der Kommunikation zwischen den Rollen, der beim Sequenzdiagramm im Vordergrund steht, wird beim Kommunikationsdiagramm durch Nummerierung der Nachrichten verdeutlicht. Damit zwei Rollen miteinander kommunizieren können, muss der Sender einer Nachricht nicht notwendigerweise eine Referenz (z.B. eine Assoziation) auf das Empfängerobjekt haben.

Die zeitliche Abfolge der Nachrichten, die Namen der Nachrichten und Antworten und ihre möglichen Argumente werden im Kommunikationsdiagramm dargestellt. Ebenso können auch Iterationen bzw. Nachrichten-Schleifen dargestellt werden.

Es kann für die Darstellung von Entwurfssachverhalten benutzt werden und, in etwas detaillierterer Form, von Realisierungssachverhalten.

Ein Kommunikationsdiagramm ist stets eine Projektion des dahinter stehenden Gesamtmodells und ist konsistent zu diesem.

Wie Sequenzdiagramme so sind auch Kommunikationsdiagramme gut geeignet, einzelne Ablaufvarianten zu beschreiben. Kommunikationsdiagramme sind jedoch nicht und Sequenzdiagramme nur theoretisch geeignet, um Verhalten präzise oder vollständig zu definieren. Hierzu sind Aktivitäts- und Zustandsdiagramme die bessere Wahl.

Kommunikationsdiagramme sind ein sehr schönes Hilfsmittel, um eine spezielle Ablaufsituation zu erklären oder zu dokumentieren. Sie lassen sich am

Flip-Chart oder auf einer Tafel schnell skizzieren und diskutieren. Der Einsatz eines Werkzeugs zur Erstellung eines Kommunikationsdiagramms ist sinnvoll, wenn man das Diagramm zur besonderen Beschreibung eines Sachverhaltes in die Dokumentation aufnehmen möchte und zur Konsistenzsicherung.

Notation

Zwischen den Rollen werden Linien gezeichnet, auf denen dann die Nachrichten notiert werden. Ein kleiner Pfeil zeigt jeweils die Richtung der Nachricht vom Sender zum Empfänger. Sofern mit der Nachricht Argumente mitgegeben werden, werden auch diese aufgeführt. Mögliche Antworten können ebenfalls dargestellt werden, sie werden in der Form *antwort= nachricht()* vor die eigentliche Nachricht gesetzt.

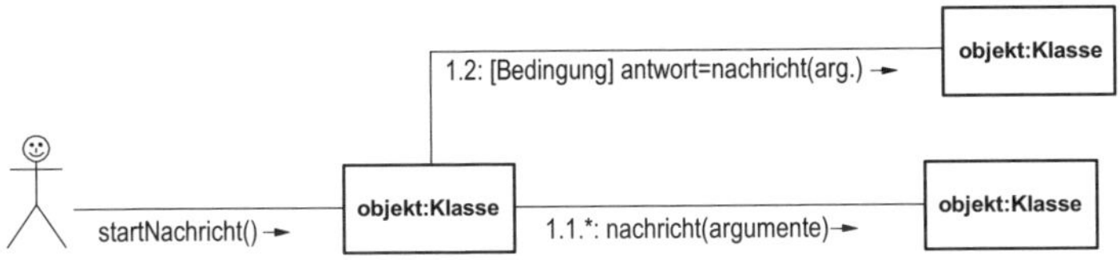

Abb. 2.7-1: Notation des Nachrichtenaustausches als Kommunikationsdiagramm

Die zeitliche Abfolge der Nachrichten wird durch Sequenznummern verdeutlicht. Die erste Nachricht beginnt mit der Nummer 1. Die interaktionsauslösende, von außen kommende Nachricht (Start-Nachricht) wird ohne Nummer dargestellt. Optional kann die Start-Nachricht von einem Akteur-Symbol losgehen.

Folgende Syntax liegt der Nachrichtenbezeichnung zugrunde:

```
Sequenzausdruck attribut = Nachrichtenname(Parameterliste):
  Rückgabewert

b = getBeispiel():15
```

Abb. 2.7-2: Syntax und Beispiel der Nachrichtenbezeichnungen

Die einzelnen Bestandteile haben folgende Bedeutung:

- Sequenzausdruck: Sequenzen
  Um die Reihenfolge der Nachrichten zu zeigen, werden die Nachrichten aufsteigend nummeriert. Sofern innerhalb einer Operation, die eine empfangene Nachricht interpretiert, wiederum neue Nachrichten abgesendet werden, erhalten diese eine neue, durch einen Punkt getrennte Unter-Sequenznummer. Damit kann man einer Nachricht die Tiefe ihrer Schachtelung innerhalb anderer Nachrichten ansehen. Beispiel: Die Nachricht 2.1.3 folgt somit der Nachricht 2.1.2. Beide wurden während der Interpretation der Nachricht 2.1. gesendet.

  Anstelle von Nummern können auch Zeichenfolgen verwendet werden. Der Sequenzausdruck, sofern angegeben, wird mit einem Doppelpunkt abgeschlossen.

Iteration

Eine Iteration, d.h. das wiederholte Senden einer Nachricht, wird durch ein Sternchen „*“ gekennzeichnet. Um die Iteration näher zu beschreiben, beispielsweise die Anzahl der Iterationen, kann in eckigen Klammern eine entsprechende Angabe in Pseudocode oder in der verwendeten Programmiersprache erfolgen. Beispiel:

```
1.2.*[i := 1..n]:
```

Bei der Iteration wird davon ausgegangen, dass alle Nachrichten nacheinander gesendet werden. Soll eine parallele Ausführung dargestellt werden, folgen dem Sternchen zwei vertikale Linien:

```
1.2.*||[i := 1..n]:
```

Ebenso kann eine in Pseudocode oder in der jeweiligen Programmiersprache notierte Bedingung angefügt werden, die erfüllt sein muss, damit die Nachricht ausgeführt werden darf. Damit ist es möglich, nicht nur individuelle Szenarien darzustellen, sondern generelle Interaktionsstrukturen. Beispiel:

```
1.2.*[x > 5]:
```

Antwort

- Antwort:
  Die von einer Nachricht gelieferte Antwort kann mit einem Namen versehen werden. Dieser Name kann dann wiederum als Argument in anderen Nachrichten verwendet werden. Der Gültigkeitsbereich verhält sich analog zu lokalen Variablen innerhalb der sendenden Nachricht und kann auch eine solche sein. Es kann auch der Name eines Objekt-Attributes sein.

Signatur, Operation ⇨62

- Nachrichtenname (Parameterliste):
  Name der Nachricht, gewöhnlich gleichlautend zu einer entsprechenden Operation, die die Nachricht interpretiert. Angegeben wird die Signatur der Operation.

Stereotypen ⇨66

Kein UML-Standard, aber nützlich: Rollen, die innerhalb des dargestellten Szenarios erzeugt werden, sind mit *«new»* gekennzeichnet, Rollen, die währenddessen zerstört werden, werden mit *«destroyed»* gekennzeichnet und Rollen, die währenddessen erzeugt und wieder zerstört werden, mit *«transient»*.

Die Beziehung zwischen zwei Rollen, die Grundlage für den Nachrichtenaustausch ist, kann verschiedene Ursachen haben, die in dem Diagramm speziell gekennzeichnet werden können. Nachrichten können hierfür mit folgenden Stereotypen notiert werden:

- *«association»*
  Der Beziehung liegt eine Assoziation, Aggregation oder Komposition zugrunde. Dies ist der Standardfall, die Angabe kann daher entfallen.
- *«global»*
  Das empfangende Objekt ist global.

- *«local»*
  Das empfangende Objekt ist lokal in der sendenden Operation (und somit *«new»* oder *«transient»*).
- *«parameter»*
  Das empfangende Objekt ist ein Parameter in der sendenden Operation.
- *«self»*
  Das empfangende Objekt ist das sendende Objekt.

Synchronisationsmerkmale

Folgende Synchronisationsbedingungen werden unterschieden:

- Bei der synchronen Nachricht (dargestellt durch eine geschlossene und ausgefüllte Pfeilspitze) wartet der Sender, bis der Empfänger die Nachricht angenommen hat.
- Die asynchrone Nachricht (dargestellt durch eine offene Pfeilspitze) landet in der Warteschlange des Empfängers. Wann er die Nachricht annimmt, interessiert den Absender nicht.

Beispiel

Das folgende Beispiel[11] zeigt den Nachrichtenaustausch zwischen vier verschiedenen Objekten bei der Reservierung eines Bestellartikels. Die erste Nachricht *reserviere(b)* enthält als Argument das Objekt *b* (die *Bestellung*), weswegen an der Verbindung zum Objekt *Bestellung* das Stereotyp *«parameter»* notiert ist.

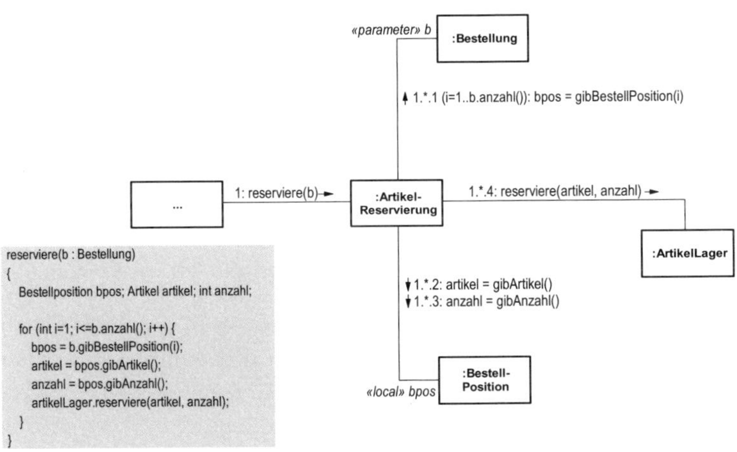

Abb. 2.7-3: Beispiel Kommunikationsdiagramm

Die Nachricht *1.*.1* an das Bestellungsobjekt wird innerhalb einer Schleife wiederholt *[i=1..*]*, als Antwort wird jedes Mal eine Bestellposition *bpos*

[11] Wenn Sie sich das Design genau ansehen, stellen Sie fest, dass es vielleicht etwas ungeschickt ist und restrukturiert werden müsste. Aber es enthält alle wichtigen Notationselemente zu diesem Diagrammtyp.

zurückgegeben. Dieser werden dann jeweils die Nachrichten *1.*.2* und *1.*.3* gesendet, deren Antworten (*artikel, anzahl*) als Parameter in der folgenden Nachricht *1.*.4* an das *ArtikelLager* verwendet werden.

Weitere Beispiele von Nachrichten:

- Einfache Nachricht:
  `2: anzeigen(x, y)`
- Verschachtelte Nachricht mit Antwort:
  `2.3.4: i = count(block)`
- Bedingte Nachricht:
  `[x > 7] 1: check()`
- Synchronisierte und iterative Nachricht:
  `5.1.*: notify(x)`

UML-Versionshinweis

1.x

Bis UML 1.x hieß das Kommunikationsdiagramm noch Kollaborationsdiagramm (engl. collaboration diagram).

2.7.2 Sequenzdiagramm

Verwandte Begriffe: engl. *sequence diagram*, *Interaktionsdiagramm*, *Ereignispfaddiagramm*, engl. *event trace diagram*, *Szenario*, *Nachrichtendiagramm*, *Reihenfolgediagramm*.

Definition

Eine Sequenz zeigt eine Reihe von Nachrichten, die eine ausgewählte Menge von Beteiligten (Rollen und Akteuren[12]) in einer zeitlich begrenzten Situation austauscht, wobei der zeitliche Ablauf betont wird.

Beschreibung

Kommunikationsdiagramm ⇨134

Das Sequenzdiagramm kann die gleichen Sachverhalte wie ein Kommunikationsdiagramm zeigen, jedoch aus einer anderen Perspektive und mit sehr viel weitergehenden Möglichkeiten. Beim Kommunikationsdiagramm steht die Zusammenarbeit der Rollen im Vordergrund. Der zeitliche Verlauf der Kommunikation zwischen den Rollen wird durch Nummerierung der Nachrichten angedeutet.

Lebenslinien

Beim Sequenzdiagramm steht der zeitliche Verlauf der Nachrichten im Vordergrund. Die Rollen werden lediglich mit senkrechten Lebenslinien gezeigt. Der zeitliche Verlauf der Nachrichten wird dadurch hervorgehoben. Die Zeit verläuft dabei von oben nach unten.

[12] Im Folgenden verwende ich der Einfachheit halber nur den Begriff Objekt.

Beispiel

Das folgende Beispiel zeigt die gleiche Situation wie das Beispiel zum Kommunikationsdiagramm, nur ohne Schleife. Weitere Erläuterungen zu diesem Beispiel lesen Sie bitte dort nach. Das Sequenzdiagramm mit Steuerungsfokus zeigt deutlich, wann welche Rolle aktiv sind.

Kommunikationsdiagramm Beispiel ⇨137

Notation

Rollen werden durch gestrichelte senkrechte Linien dargestellt. Oberhalb der Linie steht der Name bzw. das Rollensymbol. Die Nachrichten werden als waagrechte Pfeile zwischen den Rollenlinien gezeichnet. Auf ihnen wird die Nachricht in der Form *nachricht(argumente)* notiert.

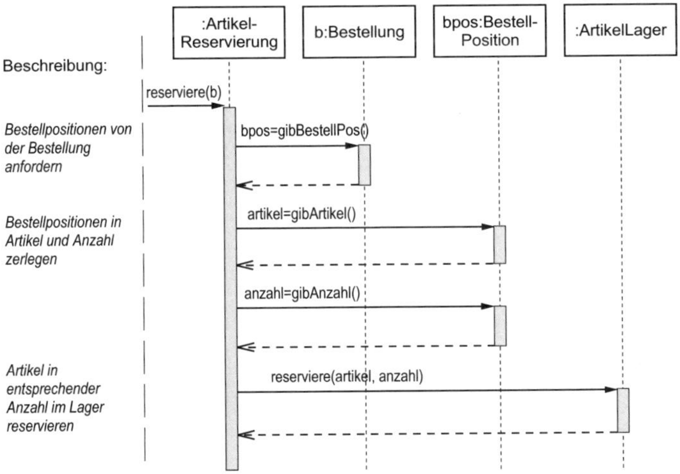

Abb. 2.7-4: Einfaches Beispiel eines Sequenzdiagrammes

Synchrone Nachrichten haben eine gefüllte Pfeilspitze, asynchrone Nachrichten eine offene Pfeilspitze. Antworten sind optional und werden durch eine gestrichelte Linie mit offener Pfeilspitze dargestellt.

synchron und asynchron

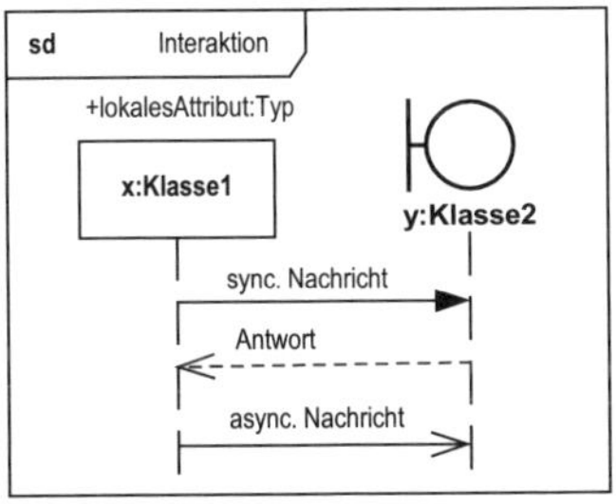

Abb. 2.7-5: Grundform des Sequenzdiagrammes

Steuerungsfokus

Die Überlagerung der gestrichelten Lebenslinien durch breite, nichtausgefüllte (oder graue) senkrechte Balken symbolisiert den Steuerungsfokus. Der Steuerungsfokus ist optional und gibt an, welche Rolle gerade die Programmkontrolle besitzt, d.h. welche Rolle gerade aktiv ist.

Die Rollen können als Rechtecke oder mit entsprechenden visuellen Stereotypen dargestellt werden, wie in Abb. 2.7-5 das Element *y:Klasse2*.

Lokale Attribute, die beispielsweise als Schleifenzähler o.Ä. verwendet werden können, werden oben links im Diagramm deklariert.

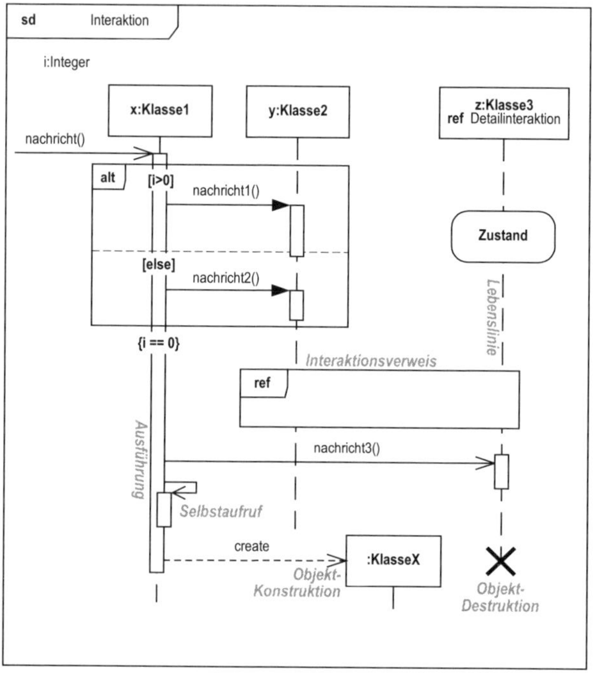

Abb. 2.7-6: Fortgeschrittenere Notationselemente

Konstruktion und Destruktion

Das Erzeugen (Objektkonstruktion) und Entfernen (Objektdestruktion) von Rollen kann in Sequenzdiagrammen ebenfalls dargestellt werden. Die Konstruktion einer neuen Rolle wird durch eine Nachricht, die auf ein Rollensymbol trifft, angezeigt, die Destruktion eines Objektes durch ein Kreuz am Ende des Steuerungsfokus.

Zustände

Ebenso können Zustände notiert werden, wie in Abb. 2.7-6 der Zustand des Objektes *z:Klasse3*. Dies besagt, dass sich das Objekt zu diesem Zeitpunkt in dem genannten Zustand befindet.

Referenzierung bzw. Verschachtelung

Sequenzdiagramme können verschachtelt werden, d.h. es kann ein Verweis auf ein weiteres detailliertes Sequenzdiagramm notiert werden (mit dem Hinweis *ref*).

Alternative Abläufe

Es existieren verschiedene vordefinierte Operatoren, beispielsweise *alt*, um alternative Abläufe und Verzweigungen auszudrücken. Der Zweck von Sequenzdiagrammen ist es, genau ein Szenario darzustellen und nicht eine Menge von verschiedenen Abläufen. Insofern ist diese Möglichkeit mit großer Vorsicht zu verwenden. Wenn Sie die Vielzahl der Ablaufmöglichkeiten ausdrücken möchten, verwenden Sie besser ein Aktivitätsdiagramm. Beim Sequenzdiagramm erhalten Sie sonst recht bald eine kombinatorische Explosion von Möglichkeiten und unübersichtliche, mehrfach verschachtelte Diagramme.

Operator	Beding./Param.	Bedeutung
alt	[beding. 1] [beding. 2] [sonst]	Verzweigung zu einer von mehreren Möglichkeiten.
loop	minint maxint [beding.]	Der Block wird als Schleife wiederholt. Die Schleife wird mindestens *[minint]* mal aber maximal *[maxint]* mal wiederholt, falls die angegebene Bedingung *[beding.]* wahr ist. Der Einfachheithalber kann auch *loop while [beding.]* oder *loop until [beding.]* verwendet werden.
break	[beding.]	Wird innerhalb einer Schleife verwendet. Wenn dieser Block erreicht wird, endet die umgebende Schleife.
opt	[beding.]	Optionale Sequenz. Die Teilsequenz wird nur ausgeführt, wenn die angegebene Bedingung wahr ist.
par		Mit diesem Operator wird angezeigt, dass die enthaltenen Teilsequenzen nebenläufig in eigenen Threads ausgeführt werden.
ref		Dies ist ein Verweis (und streng genommen kein Operator) auf ein weiteres Sequenzdiagramm, das an dieser Stelle eingebunden ist.

Abb. 2.7-7: Ausgewählte Operatoren und Schlüsselwörter für Teilsequenzen

Innerhalb von Sequenzdiagrammen können auch zeitliche Bedingungen notiert werden, wie dies in Abb. 2.7-8 gezeigt wird.

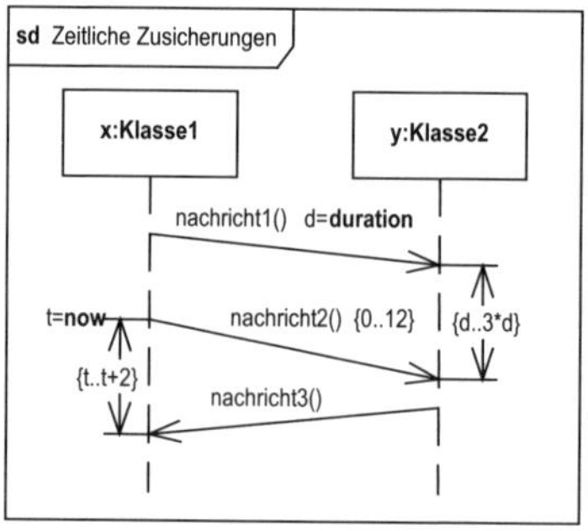

Abb. 2.7-8: Zeitliche Bedingungen in Sequenzdiagrammen

UML-Versionshinweis

1.x

Einige Details sind in Version 2.0 dazugekommen. Auch vorher wurden schon Schleifen, Verzweigungen u.Ä. verwendet, jedoch waren diese offiziell nicht oder nur rudimentär spezifiziert. Seit UML 2.0 liegt mit dem Operator-Konzept eine detaillierte und eindeutigere Spezifikation vor.

Dennoch bleibt die Bedeutung von Sequenzdiagrammen eher nachrangig. Zur vollständigen Ablaufspezifikation sind sie im Gegensatz zu Aktivitätsdiagrammen ungeeignet. Insofern werden Sequenzdiagramme in der Praxis hauptsächlich zur Veranschaulichung oder zur theoretischen Überprüfung einzelner, besonderer, ausgewählter Abläufe verwendet.

2.7.3 Interaktionsübersicht

Verwandte Begriffe: *Sequenzdiagramm*, *Aktivitätsdiagramm*, *Interaktionsübersichtsdiagramm*, *Übersichtsdiagramm.*

Definition

Eine Interaktionsübersicht ist ein Aktivitätsdiagramm, in dem Teilabläufe durch referenzierte oder eingebettete Sequenzdiagramme repräsentiert sind.

Beschreibung

Die Verwendung dieses Diagramms kann helfen, eine Menge einzelner Sequenzdiagramme mit Hilfe eines umgebenden Aktivitätsdiagrammes in einen zeitlogischen Kontext zueinander zu setzen. Wobei dies selbstverständlich auch durch ein Sequenzdiagramm möglich wäre, da dies andere Sequenzdiagramme referenzieren kann.

Mischung aus Aktivitäts- und Sequenzdiagramm

Unter Umständen kann es hilfreich sein, einen einzelnen Schritt oder eine Teilsequenz eines Aktivitätsdiagramms durch ein Sequenzdiagramm verständlicher oder konkreter auszudrücken.

Insgesamt ist der Einsatzzweck jedoch unklar. Dieses Diagramm ist neu seit UML 2.0, und wurde bislang in der Praxis nicht angetroffen. Aktivitäts- und Sequenzdiagramme beschreiben beide Abläufe, dies ist die Gemeinsamkeit, jedoch stellen Sequenzdiagramme exemplarische und konkrete, damit aber auch prinzipiell unvollständige Spezifikationen dar, während Aktivitätsdiagramme abstrakter, aber dafür zur vollständigen Ablaufspezifikation mit allen Varianten und Ausnahmen geeignet sind. Beide Diagramme verfolgen also einen anderen Zweck und haben ein anderes Einsatzgebiet.

Mit einer Interaktionsübersicht können Interaktionen in eine sachlogische Reihenfolge gebracht werden, z.B. einen Testablauf (ein konkreter Test lässt sich gut durch Sequenzdiagramme darstellen).

Notation

In der Abb. 2.7-9 ist im oberen Teil ein Verweis auf ein verschachteltes und im unteren Teil ein direkt eingebettetes Sequenzdiagramm zu sehen. Die Umgebung ist ein durch Start- und Endknoten begrenztes Aktivitätsdiagramm.

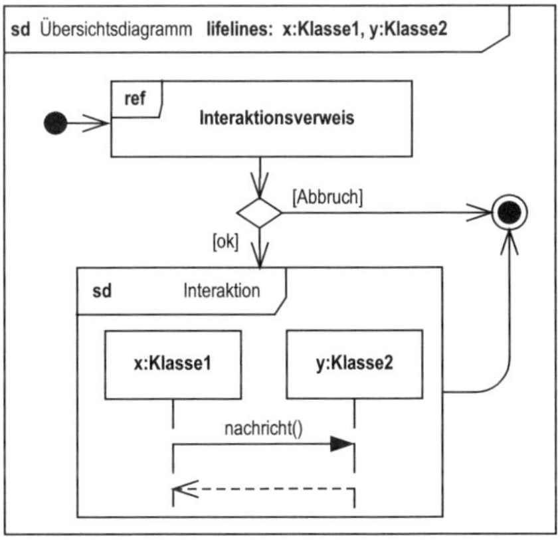

Abb. 2.7-9: Notation eines Übersichtsdiagramms

UML-Versionshinweis

Dieses Diagramm ist neu seit UML 2.0

1.x

2.7.4 Zeitdiagramm

Verwandte Begriffe: *Zeitverlaufsdiagramm, Zeitdiagramm, Timingdiagramm*, engl. *timing diagram.*

Definition

Ein Zeitdiagramm beschreibt die zeitlichen Bedingungen von Zustandswechseln mehrerer beteiligter Objekte. Es handelt sich hierbei um die gleichen Elemente wie in Sequenz- und Kommunikationsdiagrammen.

Notation

Ein Zeitdiagramm besteht aus zwei Achsen. Auf der horizontalen Achse verläuft von links nach rechts linear die Zeit. Auf der vertikalen Achse werden verschiedene zu betrachtende Objekte und ihre Zustände aufgetragen. Mit Hilfe von Linien kann der Zusammenhang zwischen Zustandswechsel im Verlauf der Zeit dargestellt werden. Auf der Zeitachse können Zeitpunkte und Zeiträume benannt und zu erfüllende Bedingungen definiert werden.

Beschreibung

Mit einem Zeitdiagramm können sehr spezielle Zeitanforderungen definiert werden. Es lassen sich zeitliche Abhängigkeiten im Kontext eines Zustandswechsels beschreiben sowie zu beachtende zeitliche Grenzen.

Für die Spezifikation von Echtzeitsystemen haben die Zeitdiagramme eine große Bedeutung. Ähnliche Diagramme sind in der Elektronik und Elektrotechnik schon seit langem bekannt. In der UML sind diese Diagramme in der Form adaptiert worden, dass der Bezug zu Objekten und Objektzuständen möglich ist.

Formal ist das Zeitdiagramm nur eine spezielle Sicht auf das Interaktionsmodell, ähnlich wie das Sequenzdiagramm.

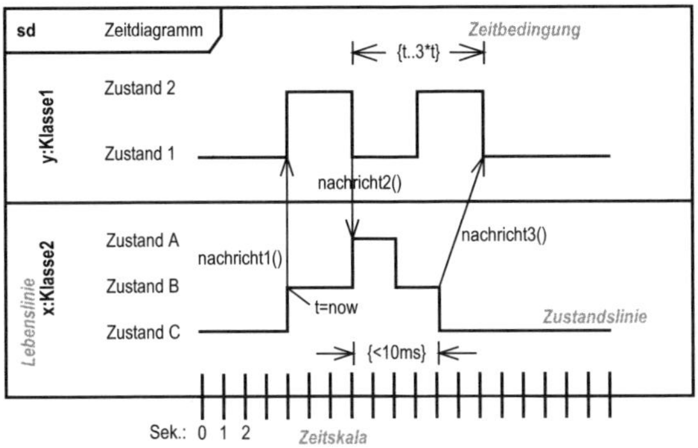

Abb. 2.7-10: Notation eines Zeitdiagramms

UML-Versionshinweis

Dieses Diagramm ist neu seit UML 2.0.

1.x

2.8 Zusicherungen

Verwandte Begriffe: engl. *constraint*, engl. *assertion*, *Einschränkung, Integritätsregel*, *Bedingung, Eigenschaftswert*, *Stereotyp*, *Invariante*.

Definition

OCL

Eine Zusicherung ist ein Ausdruck, der die möglichen Inhalte, Zustände oder die Semantik eines Modellelementes einschränkt und der stets erfüllt sein muss. Dabei kann es sich um einen formalen OCL-Ausdruck (Object Constraint Language), eine semi-formale oder natürlichsprachliche Formulierung handeln. Zusicherungen in Form reiner boolescher Ausdrücke werden auch *assertions* genannt.

Beschreibung

Integritätsregel

Eine Zusicherung beschreibt eine Bedingung oder Integritätsregel. Sie kann die zulässige Wertemenge eines Attributes beschreiben, Vor- oder Nachbedingungen für Nachrichten bzw. Operationen angeben, einen speziellen Kontext für Nachrichten oder Beziehungen einfordern, strukturelle Eigenschaften zusichern, eine bestimmte Ordnung definieren, eine zeitliche Bedingung stellen u.Ä.

Stereotyp ⇨66
Notiz ⇨74
Abhängigkeit ⇨95

Zusicherungen repräsentieren zusätzliche semantische Information zu einem Modellelement. Natürlichsprachig formulierte Zusicherungen bleiben jedoch maschinell generell uninterpretiert, d.h. sie dienen den Designern als Wissensspeicher und Merker, ihr Inhalt wird aber nicht automatisch in Code umgewandelt.

Zusicherungen und Eigenschaftswerte sollten nicht verwechselt werden, es handelt sich hierbei um zwei unterschiedliche aber ähnlich notierte Konstrukte.

Notation

Zusicherungen werden in geschweifte Klammern gefasst, wenn sie direkt an einem Modellelement hängen oder im OCL-Stil über das Schlüsselwort *context* eingeleitet werden:

```
{ Zusicherung }
{ Name: Zusicherung }

context VerantwortlichesModellelement inv:
  Zusicherung
```

Abb. 2.8-1: Prinzipielle Notation von Zusicherungen im OCL-Stil

2.8.1 Object Constraint Language (OCL)

Die Object Constraint Language (OCL) ist eine einfache formale Sprache, mit der UML-Modellen weitere Semantik zugefügt werden kann, die mit den übrigen UML-Elementen nicht oder nur umständlich ausgedrückt werden könnte.

Die OCL ist aus einem Ansatz der IBM zur Beschreibung von Geschäftsregeln für Versicherungsanwendungen u.Ä. hervorgegangen und hat ihre Wurzeln in der Syntropy-Methode [Cook1994]. Der OCL-Formalismus basiert auf der Mengentheorie und hat große Ähnlichkeit mit der Sprache Smalltalk und mit der Prädikatenlogik.

In diesem Abschnitt wird keine vollständige OCL-Referenz gegeben, sondern nur die wichtigsten Elemente erläutert. Eine ausführliche Beschreibung finden Sie in [Warmer1999].

Self und Context. OCL-Ausdrücke werden gewöhnlich durch einen Kontext für eine spezifische Instanz eingeleitet in der Form:

```
context Gegenstand inv:
  self.eigenschaft
```

Abb. 2.8-2: *self* und *context* in OCL

Self ist hierbei eine spezifische Instanz von Kontext. *„inv:“* steht hierbei für Invariante. Statt *„context ... inv:“* zu schreiben, kann alternativ der Kontextgegenstand einfach unterstrichen werden, wie die nächsten Beispiele zeigen (dies ist verbreitet, jedoch kein UML-Standard). Beispiele hierzu:

```
Person
  self.alter

Unternehmen
  self.mitarbeiter->size

Unternehmen : u
  u.mitarbeiter->size
```

Abb. 2.8-3: Beispiele für *context* und *self*

Im letzten Fall wird für den Kontextgegenstand (*Unternehmen*) ein Alias (*u*) eingeführt.

Benannte Zusicherungen. Grundsätzlich können den Zusicherungen auch eigene Namen gegeben werden, die Syntax dafür und ein Beispiel sehen so aus:

```
context Gegenstand inv constraintName:
  ...

context Person inv Volljaehrigkeit:
  self.alter >= 18
```

Abb. 2.8-4: Notationsprinzip und Beispiel für benannte Zusicherungen

Außer Invarianten können auch Vor- und Nachbedingungen spezifiziert werden, für die die Schlüsselwörter *pre* und *post* verwendet werden. Außer zu Klassen lassen sich auch Zusicherungen zu Operationen u.Ä. angeben:

```
context Typ::operation(p1 : type1): ReturnType
  pre:  parameterOk: p1 = ...
  post: resultOk:    result = ...
```

Abb. 2.8-5: Operationszusicherung

result ist im Übrigen ein vordefiniertes Schlüsselwort, mit dem das Ergebnis, d.h. der Rückgabewert einer Operation abgefragt werden kann. Die Vor- und Nachbedingung im obigen Beispiel sind außerdem ebenfalls mit einem frei wählbaren Namen (*parameterOk* und *resultOk*) versehen worden.

Eine weitere Möglichkeit zur Formulierung von OCL-Ausdrücken sind die so genannten Unterausdrücke mit dem Schlüsselwort *let*:

```
context Kfz inv istNeuwagen:
  let alter : Integer = Date.now.year - self.kaufdatum.year in
  alter <= 2
```

Abb. 2.8-6: Unterausdrücke mit *let*

2.8.2 Beispiele

Attribut-Zugriff

Die beiden ersten Beispiele definieren Einschränkungen auf die Werte von Attributen (Mitarbeiter, Chef und Person sind Klassen, Gehalt und Alter sind Attribute):

```
mitarbeiter.gehalt < chef.gehalt

person.alter > 18
```

Abb. 2.8-7: Einfaches Beispiel für Zusicherungen auf Attribute

Mengen-Zugriff

Die nächsten Ausdrücke stellen Mengenoperationen dar. Mengenoperationen beginnen mit einem Pfeil „->“:

```
person.anschriften->isEmpty
  „prüft, ob die Menge der Anschriften leer ist"

person.anschriften->size
  „ermittelt die Anzahl der Anschriften der Person"

mitarbeiter->select(alter > 30)
  „liefert die Untermenge aller Mitarbeiter, die
  älter als 30 Jahre sind"
```

Abb. 2.8-8: Beispiel für Mengenoperationen

Bei der Navigation entlang von Assoziationen wird für den Zugriff auf die gegenüberliegende Assoziationsseite der Rollenname der gegenüberliegenden Klasse verwendet. Sofern kein Rollenname notiert ist, kann der Klassenname verwendet werden.

Untermengen-Zusicherung. Im unten stehenden Beispiel mit den Assoziationen zwischen den Klassen *Projekt* und *Mitarbeiter* wird zugesichert, dass sich der Leiter des Projektes aus der Menge der Projektmitglieder rekrutiert.

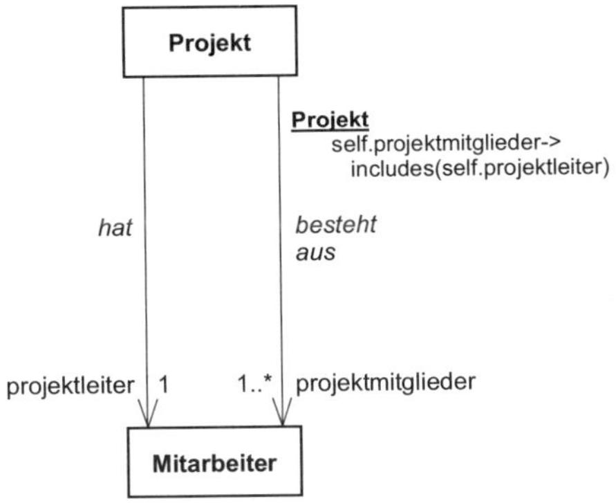

Abb. 2.8-9: Untermengenzusicherung

Der OCL-Ausdruck

```
context Projekt inv:
  self.projektmitglieder->includes(self.projektleiter)
```

Untermengen-Zusicherung

besagt, dass die Mengenoperation *includes()*, die auf die Menge der Projektmitglieder angewendet wird und der als Argument der Projektleiter mitgegeben wird, *true* ergeben muss. *Self* ist hierbei eine Instanz der Klasse *Projekt*.

In älteren Versionen und Publikationen zur UML findet man Beispiele für grafisch notierte Zusicherungen, beispielsweise einen Abhängigkeitspfeil mit der Zusicherung *{subset}*. Diese Art der Zusicherung sollte vermieden werden, da sie nur für einfache Fälle darstellbar und nicht für komplexere Zusicherungen geeignet ist.

OCL ⇨147

Konsistenz. Ähnlich ist es beim folgenden Beispiel. Hier wird zugesichert, dass eine Rechnung zum gleichen Kunden gehört wie der Vertrag, auf dem sie basiert.

Konsistenz-Zusicherung

Damit kann ein Kunde nur Rechnungen zu bestehenden Verträgen erhalten. Die Assoziation *Rechnung-Kunde* ist in diesem Beispiel redundant, daher muss ihre Konsistenz durch eine Zusicherung definiert werden. Gewöhnlich vermeidet man redundante Beziehungen. Falls sie jedoch notwendig oder sinnvoll sind, lassen sich die aus der Redundanz resultierenden Probleme über solche Konsistenzzusicherungen handhaben.

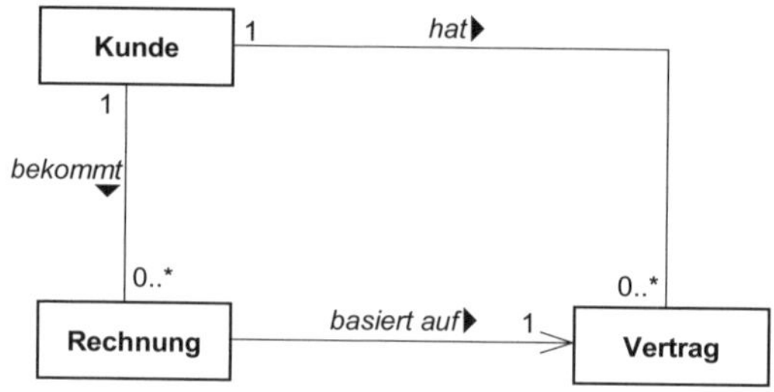

context Rechnung inv:
self.vertrag.kunde = self.kunde

Abb. 2.8-10: Beispiel einer Konsistenzzusicherung

Mit dem OCL-Ausdruck wird auch deutlich, wer für die Konsistenz verantwortlich ist. Es ist dies der Kontext, mit dem der Ausdruck eingeleitet wird und auf den sich *self* bezieht. In diesem Fall sind es die Instanzen der Klasse *Rechnung*.

Oder-Zusicherung

Oder. Ein weiteres Beispiel für Zusicherungen zwischen Beziehungen ist das Folgende, in dem zugesichert wird, dass eine Person entweder nur In- oder nur Auslandsanschriften hat (es handelt sich hier also um ein exklusives Oder). Personen, die gleichzeitig In- und Auslandsanschriften haben, sind nicht vorgesehen. Dieses Beispiel ist zugegebenermaßen etwas konstruiert. Oder-Zusicherungen für Assoziationen gelten nicht gerade als besonders elegantes Design und sollten mit Bed8 verwendet werden;-)

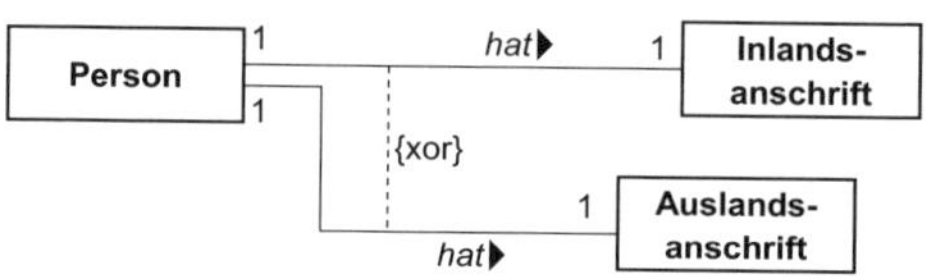

Abb. 2.8-11: Oder-Zusicherung grafisch notiert

Wie bereits weiter oben erwähnt, taugen grafische Zusicherungen gewöhnlich nur für einfache Fälle, OCL-Ausdrücke hingegen für beliebig komplexe, weswegen OCL-Zusicherungen vorzuziehen sind. Die Oder-Zusicherung als OCL-Ausdruck lautet wie folgt:

```
context Person inv:
  listeInlandsanschriften->isEmpty xor
  listeAuslandsanschriften->isEmpty
```

Abb. 2.8-12: Oder-Zusicherung als OCL-Ausdruck

Wert-Zusicherung

Werte. In der Abbildung mit den Klassen *Rechteck* und *Dreieck* werden Zusicherungen auf die möglichen Werte der Attribute gemacht. Im Rechteck wird zugesichert, dass die Attribute größer 0 sind. Im Dreieck wird zugesichert, dass die Werte nur die für Dreiecke zulässigen Konstellationen einnehmen können.

Abb. 2.8-13: Werte-Zusicherung direkt notiert

Der im Attributabschnitt der Klasse Rechteck notierte Ausdruck

```
{a > 0}
```

ist eine Kurzschreibweise für

```
context Rechteck inv: a > 0
```

Ordnung. In dem nächsten Beispiel wird eine Ordnung zugesichert: Die Namensliste ist nach den Nachnamen der Personen geordnet. „Geordnet" ist kein vordefinierter Ausdruck und lässt sich mit OCL-Mittel auch kaum ausdrücken. Um immerhin einen halbwegs formalen Ausdruck zu erzielen, könnte man die eigentliche Zusicherung aber immerhin als natürlichsprachlichen Kommentar in einen OCL-Kontext setzen:

Ordnungs-Zusicherung

Aggregationen ⇨91

```
context Seminar inv:
  „Die Elemente in teilnehmerliste sollen nach
  Person.nachname sortiert sein"
```

Abb. 2.8-14: Ordnungszusicherung als natürlichsprachliche Beschreibung

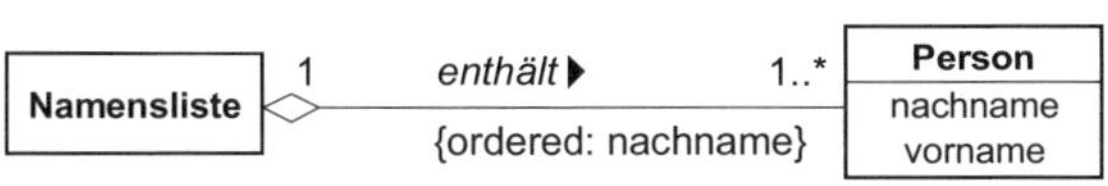

Abb. 2.8-15: Ordnungszusicherung als Assoziationsdetail

Formeln. Ein weiteres Beispiel für die Verwendung von Zusicherungen ist die Definition der Berechnungsvorschriften für abgeleitete Attribute. Die folgende Abbildung zeigt die Klasse *Person*, in der das Alter ein vom Geburtsdatum und dem aktuellen Tagesdatum abgeleitetes Attribut darstellt. Abgeleitete Attribute werden durch einen vorangestellten Schrägstrich gekennzeichnet. Links wird die Zusicherung direkt hinter das Attribut geschrieben, rechts wird sie innerhalb einer Notiz notiert. Beide Notationsformen sind möglich.

Formel-Zusicherung

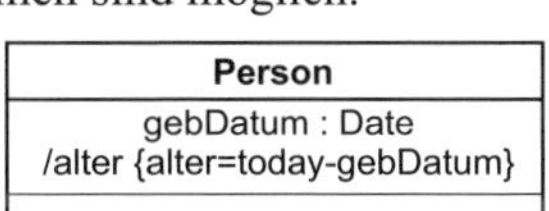

Abb. 2.8-16: Berechnungsformel eines abgeleiteten Attributs

Enumerationen (Aufzählungen) stehen ebenfalls innerhalb geschweifter Klammern, zum Beispiel:

Enumeration

```
farbe : {rot, blau, gruen}
```

oder präziser beschrieben

```
context farbe inv:
  (self = #rot) or (self = #blau) or (self = #gruen)
```

Abb. 2.8-17: Enumerationszusicherung

Allerdings sind Enumerationszusicherungen in der Regel vermeidbar und durch eine eigene Klasse (hier die Klasse *Farbe*) zu beschreiben.

Gerontologische Zusicherung

Zum Abschluss dieses Abschnittes noch ein Beispiel mit einer Zusicherung auf eine Aggregation. Es zeigt eine Ansammlung von Personen, die an einer Butterfahrt teilnehmen. Damit die Rentner unter sich bleiben, wurde vorsorglich notiert, dass die Teilnehmer über 65 Jahre alt sein müssen: Eine Butterfahrt ist eine Aggregation von älteren Menschen.

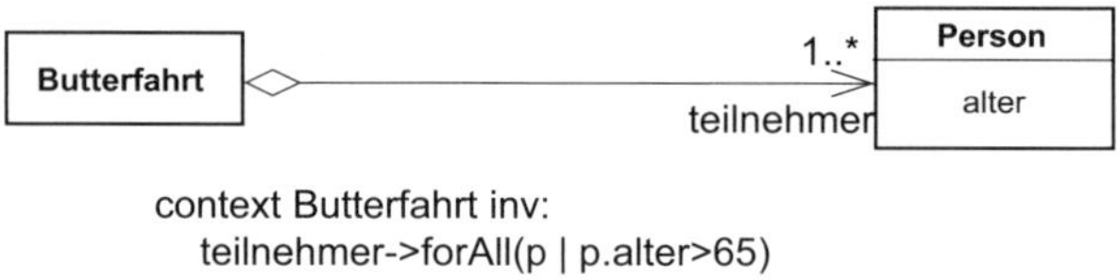

Abb. 2.8-18: Heizdecken sind optional

Es stellt sich die Frage, wo und wie solche Zusicherungen, gerade auch objektübergreifende, letztendlich realisiert werden. Hierbei ist es wichtig, die Verantwortlichkeit für die Einhaltung der Zusicherung zu bestimmen, also die Frage zu beantworten, welche Klasse die Verantwortung zu tragen hat. In dem Beispiel *Kunde-Rechnung-Vertrag* (Abb. 2.8-10) gibt der OCL-Ausdruck darüber Auskunft; es ist dort die Rechnung.

In dem obigen Beispiel ist die Verantwortungsfrage ebenfalls einfach zu klären. Für die Aggregationsbeziehung, das ist aus der Navigationsrichtung abzuleiten, ist die Klasse *Butterfahrt* verantwortlich. Dort ist auch die Zusicherung anzusiedeln. Die Klasse *Butterfahrt* wird eine Operation bereitstellen, um der Teilnehmermenge weitere Personen zufügen zu können, z.B. *addTeilnehmer(teilnehmer:Person)*. Innerhalb dieser Operation ist das Alter zu prüfen. Hier angedeutet die Umsetzung in Java:

```
class Butterfahrt {
  private Vector teilnehmerliste;

  public void addTeilnehmer(Person teilnehmer) {
    if (teilnehmer.getAlter() > 65} {
      teilnehmerliste.add(teilnehmer);
    }
    ...
```

Abb. 2.8-19: Umsetzung der Butterfahrt-Zusicherung in Java

Da die Teilnehmer nicht jünger werden können, ist diese Form der Umsetzung in Ordnung. Grundsätzlich wäre zu beachten, dass die Zusicherung in diesem Beispiel nur bei der Aufnahme eines neuen Teilnehmers geprüft wird, die Zusicherung aber auch zu jedem späteren Zeitpunkt eingehalten werden muss, was die OCL-Zusicherung in der Abbildung auch fordert, die gezeigte Java-Umsetzung aber nicht erzwingt.

2.8.3 Vordefinierte OCL-Basistypen und -operationen

Folgende Basistypen sind in der OCL vordefiniert:

Typ	Beispiel
Boolean	true, false
Integer	1, 2, 23, 12045
Real	3.14, 0.266
String	'Raumschiff'
Set	{55, 23, 47}, {'rot', 'blau', 'gelb'}
Bag	{55, 23, 47, 5}, {12, 8, 8}
Sequence	{1..10}, {8, 17, 25, 26}

Set, *Bag* und *Sequence* sind Unterklassen von *Collection*. *Set* ist eine Menge, in der kein Element doppelt vorkommt, in einem *Bag* können Elemente beliebig häufig vorkommen. *Sequence* ist ein *Bag*, jedoch sind die Elemente geordnet.

Folgende Auswertungsreihenfolge gilt:

1. Punkt-Operationen („.") haben höchste Priorität.
2. Unäre Operatoren („not").
3. Binäre Operatoren („+", „and").
4. Innerhalb binärer Operatoren gilt die normale Reihenfolge: Punkt vor Strichrechnung, von links nach rechts etc.
5. Klammerung „(" und „)" erzwingt eine andere Reihenfolge.

Folgende Operationen sind für die Basistypen vordefiniert:

Integer, Real		
Ausdruck	Ergebnistyp	Beschreibung
i1 = i2	Boolean	Liefert true, wenn i1 und i2 gleich sind
i1 + i2 : Integer	Integer	
i1 + i2 : Real	Real	
r1 + i1	Real	
r1 round	Integer	

Boolean		
Ausdruck	Ergebnistyp	Beschreibung
a and b	Boolean	Liefert true, wenn a und b true sind
a or b	Boolean	Liefert true, wenn mindestens einer der beiden Werte a und b true ist
a xor b	Boolean	Liefert true, wenn genau einer der beiden Werte a und b true ist
not a	Boolean	Liefert Negation von a
a implies b	Boolean	(not a) or (a and b), d.h. wenn a true ist, soll auch b true sein
if a then a1: OclAusdr else a2:OclAusdr	a1.type	Wenn a true ist, wird der Ausdruck a1 ausgewertet, sonst a2
a = b	Boolean	Liefert true, wenn a und b gleich sind

Collection		
Ausdruck	Ergebnistyp	Beschreibung
s1 = s2	Boolean	Enthalten s1 und s2 die gleichen Elemente?
s.size	Integer	Anzahl der Elemente von s
s.sum	Integer oder Real	Summe aller Elemente aus s, sofern diese numerisch sind
s.includes(e)	Boolean	Ist e Element der Menge s?
s.isEmpty	Boolean	Ist die Menge leer (size=0)?
s.exists(Ausdr)	Boolean	Enthält die Menge s ein Element, für das der Ausdruck true ergibt?
s.forAll(Ausdr)	Boolean	Ergibt der Ausdruck true für alle Elemente der Menge?

Set		
Ausdruck	Ergebnistyp	Beschreibung
s1.union(s2)	Set	Vereinigungsmenge von s1 und s2
s1.intersection (s2)	Set	Schnittmenge von s1 und s2
s1–s2	Set	Alle Elemente aus s1, die nicht in s2 sind
s.include(e)	Set	Alle Elemente aus s plus dem Element e
s.exclude(e)	Set	Alle Elemente aus s ohne dem Element e
s1.symmetric Difference(s2)	Set	Alle Elemente aus s1 und s2, die nicht gleichzeitig in s1 und s2 vorkommen
s.select(Ausdr)	Set	Untermenge von s mit den Elementen, für die der Ausdruck true ergibt
s.reject(Ausdr)	Set	Untermenge von s mit den Elementen, für die der Ausdruck false ergibt
s.collect(Ausdr)	Bag	Bag der Ergebnisse des Ausdruckes, angewendet auf alle Elemente von s
s.asSequence	Sequence	Liefert s als Sequence
s.asBag	Bag	Liefert s als Bag

Bag		
Ausdruck	Ergebnistyp	Beschreibung
b1.union(b2)	Bag	Vereinigungsmenge von b1 und b2
b1.intersection (b2)	Bag	Schnittmenge von b1 und b2
b.include(e)	Bag	Alle Elemente aus b plus dem Element e
b.exclude(e)	Bag	Alle Elemente aus b ohne dem Element e
b.select(Ausdr)	Bag	Subbag von b mit den Elementen, für die der Ausdruck true ergibt
b.reject(Ausdr)	Bag	Subbag von b mit den Elementen, für die der Ausdruck false ergibt
b.collect(Ausdr)	Bag	Bag der Ergebnisse des Ausdruckes, angewendet auf alle Elemente von s
s.asSequence	Sequence	Liefert s als Sequence
s.asSet	Set	Liefert s als Set

Sequence		
Ausdruck	Ergebnistyp	Beschreibung
s1.append(s2)	Sequence	Sequence s1, gefolgt von den Elementen aus s2
s1.prepend(s2)	Sequence	Schnittmenge von s1 und s2
s.first	Element.Typ	Erstes Element aus s
s.last	Element.Typ	Letztes Element aus s
s.at(i)	Element.Typ	i-tes Element aus s
s.include(e)	Sequence	Alle Elemente aus b plus dem am Ende angefügten Element e
s.exclude(e)	Sequence	Alle Elemente aus b ohne dem ersten Vorkommen des Elementes e
s.select(Ausdr)	Sequence	Subsequence von b mit den Elementen, für die der Ausdruck true ergibt
s.reject(Ausdr)	Sequence	Subsequence von b mit den Elementen, für die der Ausdruck false ergibt
s.collect(Ausdr)	Sequence	Sequence der Ergebnisse des Ausdruckes, angewendet auf alle Elemente von s
s.asBag	Bag	Liefert s als Bag
s.asSet	Set	Liefert s als Set

3 Anhang

3.1 Glossar

Das Glossar wurde freundlicherweise von der Firma oose Dienstleistungen für innovative Informatik GmbH zur Verfügung gestellt und befindet sich in aktueller Version unter http://www.oose.de/glossar. Sie können dort übrigens auch zu jedem Begriff persönliche Anmerkungen oder Vorschläge öffentlich sichtbar hinterlegen bzw. die Kommentare anderer lesen.

Abgeleitete Assoziation ⇨Assoziation, ⇨Abgeleitetes Element
Eine abgeleitete Assoziation ist eine Assoziation, deren konkrete Objektbeziehungen jederzeit aus den Werten anderer Objektbeziehungen und ihrer Objekte abgeleitet (berechnet) werden können.

Abgeleitetes Attribut ⇨Attribut, ⇨Abgeleitetes Element
Ein abgeleitetes Attribut wird aus den Werten anderer Attribute berechnet. Abgeleitete Attribute können nicht direkt geändert werden und werden durch eine Berechnungsoperation implementiert oder gesetzt.

Abgeleitetes Element (UML: *derived element*)
Ein Modellelement, das jederzeit durch ein anderes Element berechnet werden kann und nur der Klarheit wegen gezeigt wird oder für Designzwecke zugefügt wird, ohne dass es jedoch weitere semantische Information zufügt.

Abhängigkeit ⇨Abhängigkeitsbeziehung

Abhängigkeitsbeziehung (UML: *dependency*)
Eine Abhängigkeit ist eine Beziehung von einem Quellelement zu einem Zielelement. Das Zielelement ist für die Spezifikation oder Implementierung des Quellelementes erforderlich.

Ablaufschritt ⇨Aktionsknoten

abstract class ⇨Abstrakte Klasse

Abstrakte Klasse (UML: *abstract class*)
Von einer abstrakten Klasse werden niemals Exemplare erzeugt; sie ist bewusst unvollständig und bildet somit die Basis für weitere Unterklassen, die Exemplare haben können.

Abstrakte Operation ⇨Operation
Eine Operation, für die nur eine ⇨Signatur, jedoch keine Anweisungsfolge definiert ist, d.h. die Operation ist definiert, aber noch nicht implementiert. Sie wird in einer abgeleiteten Klasse implementiert. C++: virtuelle Operation.

Abstrakter Datentyp (ADT)
Das Konzept des abstrakten Datentyps ähnelt dem der Klasse. Unter einem abstrakten Datentyp versteht man die Zusammenfassung von Daten und der mit ihnen ausführbaren Operationen.

Abstraktion
Abstraktion ist eine Methode, bei der unter einem bestimmten Gesichtspunkt die wesentlichen Merkmale eines Gegenstandes oder Begriffes herausgesondert werden.

action state ⇨Aktivität

activity diagram ⇨Aktivitätsdiagramm

actor ⇨Akteur

aggregation ⇨Aggregation

Aggregation (UML: *aggregation*) ⇨Assoziation, ⇨Komposition
Eine Aggregation ist eine Assoziation, bei der die beteiligten Klassen keine gleichwertige Beziehung führen, sondern eine Ganze-Teile-Hierarchie darstellen. Eine Aggregation beschreibt, wie sich etwas Ganzes aus seinen Teilen zusammensetzt. Formal ist eine Assoziation der Aggregation gleichwertig, die Besonderheit der Ganze-Teile-Beziehung hat keine formale Semantik, sondern lediglich hilfreichen Kommentarcharakter.

Akteur (UML: *actor*)
Ein Akteur ist eine gewöhnlich außerhalb des betrachteten bzw. zu realisierenden Systems liegende Einheit, die an der in einem Anwendungsfall beschriebenen Interaktion mit einem System beteiligt ist.

Aktive Klasse ⇨Aktives Objekt
Eine aktive Klasse ist eine Klasse, deren Instanzen jeweils in einem eigenen Thread laufen.

Aktives Objekt ⇨Aktive Klasse
Instanz einer aktiven Klasse.

Aktivität (UML: *action state*)
Eine Aktivität beschreibt einen Ablauf und enthält verschiedene Arten von Knoten, die durch Objekt- und Kontrollflüsse miteinander verbunden sind.

Aktivitätsdiagramm (UML: *activity diagram*)
Ein Aktivitätsdiagramm stellt eine Aktivität dar, die Begriffe werden synonym verwendet.

Aktivitätsschritt ⇨Aktionsknoten

Analyse
Mit (objektorientierter) Analyse werden alle Aktiviäten im Rahmen des Softwareentwicklungsprozesses bezeichnet, die der Ermittlung, Klärung und Beschreibung der Anforderungen an das System dienen (d.h. die Klärung, *was* das System leisten soll).

Anforderung
Eine Anforderung beschreibt eine oder mehrere Eigenschaften oder Verhaltensweisen, die stets erfüllt sein sollen.

Annotation ⇨Notiz

Anwendungsfall (UML: *use case*)⇨ Geschäftsanwendungsfall, ⇨ Systemanwendungsfall
Ein Anwendungsfall beschreibt anhand eines zusammenhängenden Arbeitsablaufes die Interaktionen mit einem (geschäftlichen oder technischen) System. Ein Anwendungsfall wird stets durch einen Akteur initiiert und führt gewöhnlich zu einem für die Akteure wahrnehmbaren Ereignis.

Anwendungsfalldiagramm (UML: *use case diagram*)
Ein Anwendungsfalldiagramm zeigt Akteure, Anwendungsfälle und die Beziehungen zwischen diesen Elementen.

Anwendungsfallmodell (UML: *use case model*)
Ein Modell, das die (vorwiegend) funktionalen Anforderungen an ein System in Form von Anwendungsfällen beschreibt (meist in Form eines oder mehrerer Anwendungsfalldiagramme).

Anwendungskomponente ⇨Komponente
Anwendungskomponenten sind fachliche ⇨Subsysteme.

Architektur
ist die Spezifikation grundlegender übergreifender Eigenschaften und Möglichkeiten einer Lösung, die im Verlauf der Weiterentwicklung nur schwierig rückgängig zu machen sind.

Argument
Konkreter Wert eines ⇨Parameters.

assertion ⇨Zusicherungen
Assertions sind boolesche Ausdrücke, die niemals unwahr werden sollten und anderenfalls auf Fehler hinweisen. Typischerweise sind *assertions* nur zur Entwicklungszeit aktiviert.

association ⇨Assoziation

association class ⇨Assoziationsklasse

association role ⇨Assoziationsrolle

Assoziation (UML: *association*) ⇨gerichtete Assoziationen, ⇨bidirektionale Assoziationen
Eine Assoziation beschreibt eine Relation zwischen Klassen, d.h. die gemeinsame Semantik und Struktur einer Menge von ⇨Objektbeziehungen. Es werden ⇨gerichtete Assoziationen (nur einseitig direkt navigierbar) und ⇨bidirektionale Assoziationen (beidseitig direkt navigierbar) unterschieden.

Assoziationsklasse (UML: *association class*) ⇨Attributierte Assoziation, ⇨Aufgebrochene Assoziation, ⇨Degenerierte Assoziationsklasse
Ein Modellelement, das sowohl über die Eigenschaften einer Klasse als auch über die einer Assoziation verfügt. Es kann gesehen werden als Assozia-

tion mit zusätzlichen Klasseneigenschaften (Attributierte Assoziation) oder als Klasse mit zusätzlichen Assoziationseigenschaften (Assoziationsklasse).

Assoziationsrolle (UML: *association role*)
Die Rolle, die ein Typ oder eine Klasse in einer Assoziation spielt. Eine Rolle repräsentiert eine Klasse in einer Assoziation. Gewöhnlich befinden sich Assoziationen zwischen zwei Klassen. Eine Klasse kann aber auch eine Assoziation zu sich selbst haben; in diesem Fall sind die beiden Enden der Assoziation nur durch die Rollenangabe zu unterscheiden.

attribute ⇨Attribut

Attribut (UML: *attribute*)
Ein Attribut ist ein (Daten-) Element, das in jedem Objekt einer Klasse gleichermaßen enthalten ist und von jedem Objekt mit einem individuellen Wert repräsentiert wird.

Attributierte Assoziation ⇨Assoziation, ⇨Assoziationsklasse
Eine Assoziation, die über eigene Attribute verfügt.

Aufgebrochene Assoziation ⇨Assoziation, ⇨Assoziationsklasse
Eine ⇨attributierte Assoziation, bei der die Attribute zu einer gewöhnlichen Klasse überführt und die attributierte Assoziation unter Einbeziehung dieser neuen Klasse in zwei gewöhnliche Assoziationen umgeformt wurde.

Basisklasse ⇨Oberklasse

Behälterklasse ⇨Sammlung

Beziehung (UML: *relationship*)
UML-Modellelemente können verschiedene Arten von Beziehungen untereinander haben. Klassen können beispielsweise Spezialisierungsbeziehungen, Assoziationen, Realisierungs- und Abhängigkeitsbeziehungen haben.

Bidirektionale Assoziation ⇨Assoziation
Eine bidirektionale Assoziation ist eine beidseitig direkt navigierbare Assoziation, d.h. eine Assoziation, bei der von beiden beteiligten ⇨Assoziationsrollen zur jeweils anderen direkt navigiert werden kann.

Bindung ⇨Dynamische Bindung

Botschaft ⇨Nachricht

bound element ⇨Gebundenes Element

Businessklasse ⇨Klasse, instanziiert: ⇨Businessobjekt

Businessmodell (Businessklassenmodell)⇨Fachklassenmodell
Ein Businessmodell ist ein Klassenmodell, dass ausschließlich oder vorwiegend ⇨Businessklassen (fachlich elementare Begriffe) in Form von Klassen enthält.

Businessobjekt ⇨Objekt
Ein Businessobjekt repräsentiert einen Gegenstand, ein Konzept, einen Ort oder eine Person aus dem realen Geschäftsleben in einem fachlichen geringen Detaillierungsgrad, d.h. einen fachlich elementaren Begriff (Vertrag, Rechnung etc.). Für die praktische Umsetzung sind Businessobjekte auf rein fachlich motivierte Eigenschaften reduzierte Aggregationen fundamentaler Fachobjekte (⇨Fachklassen: Rechnungspositionen, Anschrift etc.), zu denen alles weitere delegiert wird. Sie definieren typischerweise vor allem Schnittstellen und sind eine Art Fassade.

class ⇨Klasse

class diagram ⇨Klassendiagramm

Classifier
Classifier ist eine abstrakte Basisklasse im Metamodell der UML und gemeinsame Basisklasse u.a. der Modellierungselemente Klasse, Anwendungsfall und Komponente. Ein Classifier definiert einen Namensraum, ein Typ, kann generalisiert werden und aggregiert eine Menge von Merkmalen, z.B. Operationen und Attribute.

collaboration ⇨Kollaboration

collaboration diagram ⇨Kollaborationsdiagramm

collection ⇨Sammlung

component ⇨Komponente

component diagram ⇨Komponentendiagramm

composition ⇨Komposition

concrete class ⇨Konkrete Klasse

concurrency ⇨Nebenläufigkeit

constraint ⇨Zusicherung

Containerklasse ⇨Behälterklasse

CRC-Karten (Klassenkarte)
Karteikarten, auf denen der Name der Klasse (Class), ihre Aufgaben (Responsibilities) und ihre Beziehungen (Collaborations) beschrieben werden.

Datenabstraktion
Hierunter versteht man das Prinzip, nur die auf ein Objekt anwendbaren Operationen nach außen sichtbar zu machen. Die tatsächliche innere Realisierung der Operationen und die innere Struktur des Objektes werden verborgen, d.h. man betrachtet abstrakt die eigentliche Semantik und lässt die tatsächliche Implementierung außer Acht.

Datentyp
Oberbegriff für primitive Datentypen und Aufzählungstypen. Ein einfacher Datentyp ist ein Typ, dessen Werte keine Identität haben.

Default-Implementierung ⇨Standard-Implementierung

Degenerierte Assoziationsklasse
Die (namenlose) ⇨Assoziationsklasse einer ⇨attributierten Assoziation.

Delegation
ist ein Mechanismus, bei dem ein Objekt eine Nachricht nicht (vollständig) selbst interpretiert, sondern an ein anderes Objekt weiterleitet (propagiert).

dependency ⇨Abhängigkeit

deployment diagram ⇨Verteilungsdiagramm

derived element ⇨Abgeleitetes Element

Design
(Software-)Design ist die kreative Erarbeitung eines Lösungs- und Gestaltungskonzeptes für ein gegebenes Problem innerhalb eines gegebenen Lösungsraumes. Speziell werden alle Aktiviäten im Rahmen des Softwareentwicklungsprozesses bezeichnet, mit denen ein Modell logisch und physisch strukturiert wird und die dazu dienen zu beschreiben, *wie* das System die vorhandenen Anforderungen grundsätzlich erfüllt.

Diskriminator
Ein Diskriminator ist ein Unterscheidungsmerkmal für die Strukturierung der Modellsemantik in ⇨Generalisierungs- bzw. Spezialisierungsbeziehungen.

domain ⇨Problembereich

Domäne ⇨Problembereich

Domänenmodell ⇨Fachklassenmodell

Dynamische Bindung, Späte Bindung
Hierunter ist zu verstehen, dass eine ⇨Nachricht erst zur Programmlaufzeit einer konkreten ⇨Operation zugeordnet wird, die diese Nachricht dann interpretiert.

Dynamische Klassifikation
Ein Objekt ist nacheinander Instanz unterschiedlicher Klassen einer Untertypenstruktur, d.h. es kann seine Klassenzugehörigkeit während seiner Lebenszeit ändern.

Eigenschaftsbereich⇨Partition

Eigenschaftswert (UML: *property, tagged value*)
Eigenschaftswerte sind benutzerdefinierte, sprach- und werkzeugspezifische Schlüsselwörter, die die Semantik einzelner Modellelemente um spezielle charakteristische Eigenschaften erweitern.

Einfachvererbung ⇨Vererbung
Bei der Einfachvererbung erbt eine Unterklasse nur von einer direkten Oberklasse.

Einsatzdiagramm ⇨Verteilungsdiagramm

Einschränkung ⇨Zusicherung

Enthältbeziehung (UML: include)
Mit einer Enthältbeziehung wird ein Anwendungsfall in einen anderen Anwendungsfall eingebunden und logischer Teil von diesem.

Entwurfsmuster
Entwurfsmuster sind generalisierte und bewährte Lösungsansätze zu wiederkehrenden Entwurfsproblemen. Sie sind keine fertig kodierten Lösungen, sie beschreiben lediglich den Lösungsweg bzw. die Lösungsidee.

Enumeration (UML: *enumeration*)
Eine Enumeration ist eine Menge fester Werte ohne weitere Eigenschaften.

Ereignis (UML: *event*)
Ein Ereignis ist ein zu beachtendes Vorkommnis, das in einem gegebenen Kontext eine Bedeutung hat, sich räumlich und zeitlich lokalisieren lässt und gewöhnlich einen Zustandsübergang (Transition) auslöst.

Erweiterungsbeziehung (UML: *extend*)
Mit einer Erweiterungsbeziehung lässt sich ausdrücken, dass ein Anwendungsfall unter bestimmten Umständen und an einer bestimmten Stelle (dem sog. Erweiterungspunkt, engl. extension point) durch einen anderen erweitert wird.

event ⇨Ereignis

Exemplar ⇨Objekt, ⇨Instanz
Ein Exemplar ist eine im laufenden System konkret vorhandene und agierende Einheit. Für den Hausgebrauch können Instanz, Objekt und Exemplar synonym betrachtet werden. Jedes Objekt ist Exemplar einer Klasse.

framework ⇨Rahmenwerk

Fachklasse ⇨Klasse
Fachlich motivierte Klasse, die einen Begriff aus dem Problembereich des zu entwickelnden Systems repräsentiert. Sie ist Bestandteil der Analysemodelle zur Systementwicklung. Fachklasse und Geschäftsklasse werden oft synonym verwendet.

Fachklassenmodell ⇨Domänenmodell
Ein Klassenmodell, das ausschließlich oder vorwiegend Fachklassen enthält.

Fundamentalklasse ⇨Fachklasse

Gebundenes Element ⇨Parametrisierte Klasse

Generalisierung *(UML:* generalization*)*
⇨Spezialisierung /Konkretisierung

generalization ⇨Generalisierung

Generische Klasse ⇨Parametrisierbare Klasse

Generisches Design
Anwendung von Schablonen oder Makros zum Design (in CASE-Tools).

Generische Programmierung
Anwendung von Schablonen (engl. *templates*), ⇨parametrisierbaren Klassen u.Ä. bei der Programmierung.

Geordnete Assoziation ⇨Assoziation
Assoziation, bei der die Objektverbindungen in bestimmter Weise geordnet sind.

Gerichtete Assoziation ⇨Assoziation, ⇨Navigation
Eine Assoziation, bei der von der einen beteiligten ⇨Assoziationsrolle zur anderen direkt navigiert werden kann, nicht aber umgekehrt.

Geschäftsanwendungsfall
Ein Geschäftsanwendungsfall beschreibt einen geschäftlichen Ablauf, wird von einem geschäftlichen Ereignis ausgelöst und endet mit einem Ergebnis, das für den Unternehmenszweck und die Gewinnerzielungsabsicht direkt oder indirekt einen geschäftlichen Wert darstellt.

Geschäftsobjekt ⇨Businessobjekt

Geschäftsprozess ⇨Workflow
Ein Geschäftsprozess ist eine Zusammenfassung einer Menge fachlich verwandter Geschäftsanwendungsfälle. Dadurch bildet ein Geschäftsprozess gewöhnlich eine Zusammenfassug von organisatorisch evtl. verteilten, fachlich jedoch zusammenhängenden Aktivitäten, die notwendig sind, um einen Geschäftsvorfall (z.B. einen konkreten Antrag) ergebnisorientiert zu bearbeiten. Die Aktivitäten eines Geschäftsprozesses stehen gewöhnlich in zeitlichen und logischen Abhängigkeiten zueinander.

Geschäftsvorfall (Vorgang)
Ein Geschäftsvorfall bezeichnet das von einem konkreten, aktiven Geschäftspartner initiierte Ereignis, z.B. „Gabi Goldfisch beantragt eine Mitgliedschaft". Ein Auslöser kann mehrere Geschäftsvorfälle nach sich ziehen. Ereignisse, die innerhalb des Geschäftssystems entstehen, sind keine Geschäftsvorfälle.

GUI
Graphical User Interface, Grafische Benutzeroberfläche

Hilfsklasse (UML: *utility*)
Hilfsklassen sind Sammlungen von globalen Variablen und Funktionen, die zu einer Klasse zusammengefasst und dort als Klassenattribute und -operationen definiert sind. Insofern sind Hilfsklassen keine echten Klassen. Das ⇨Stereotyp *«utility»* kennzeichnet eine Klasse als Hilfsklasse.

Identität ⇨Objektidentität

Information Hiding
ist das bewusste Verbergen von Implementierungsdetails. Das heißt, nach außen wird eine Schnittstelle bereitgestellt, das Innere (z.B. einer Klasse) ist aber nicht sichtbar. Dadurch bleibt verborgen, wie die Schnittstelle intern bedient wird.

inheritance ⇨Vererbung

instance ⇨Instanz

Instantiierung
ist das Erzeugen eines Exemplars aus einer Klasse.

Instanz (UML: *instance*) ⇨Exemplar, ⇨Objekt

interface ⇨Schnittstelle

interaction diagram ⇨Interaktionsdiagramm

Interaktionsdiagramm (UML: *interaction diagram*)
Sammelbegriff für ⇨Sequenzdiagramm, ⇨Kollaborationsdiagramm, ⇨Aktivitätsdiagramm, ⇨Zeitdiagramm und ⇨Interaktionsübersicht.

Interaktionsübersicht (UML: *interaction overview diagram*)
Eine Interaktionsübersicht ist ein Aktivitätsdiagramm, in dem Teilabläufe durch referenzierte oder eingebettete Sequenzdiagramme repräsentiert sind.

Invariante
Eine Eigenschaft oder ein Ausdruck, der über den gesamten Lebenszeitraum eines Elementes, bspw. eines Objektes gegeben sein muss.

Kardinalität ⇨Multiplizität
Anzahl der Elemente.

Klasse (UML: *class*)
Eine Klasse ist die Definition der Attribute, Operationen und der Semantik für eine Menge von Objekten. Alle Objekte einer Klasse entsprechen dieser Definition.

Klassenattribut, Klassenvariable ⇨Attribut
Klassenattribute gehören nicht einem einzelnen Objekt, sondern sind Attribut einer Klasse (gilt z.B. für Smalltalk).

Klassenbibliothek
Eine Klassenbibliothek ist eine Sammlung von Klassen.

Klassendiagramm (UML: *class diagram*)
Ein Klassendiagramm zeigt eine Menge statischer Modellelemente, vor allem Klassen und ihre Beziehungen.

Klassenkarte ⇨CRC-Karte

Klassenmodell
Ein Klassenmodell beschreibt, welche Klassen existieren und in welchen Beziehungen sie zueinander stehen.

Klassenoperation, Klassenmethode ⇨Operation
Klassenoperationen sind Operationen, die nicht auf einem Objekt, sondern auf einer Klasse operieren (gilt z.B. für Smalltalk).

Klassenschablone ⇨Parametrisierbare Klasse

Klassenvorlage ⇨Parametrisierbare Klasse

Knoten (UML: *node*)
Ein Knoten ist ein physisches Laufzeit-Objekt, das über Rechnerleistung (Prozessor, Speicher) verfügt. Laufzeitobjekte und Komponenten können auf Knoten residieren.

Konkretisierung ⇨Spezialisierung

Kollaboration (UML: *collaboration*)
Eine Kollaboration ist der Kontext einer Menge von Interaktionen.

Kommunikationsdiagramm (UML: *communication diagram*)
Ein Kommunikationsdiagramm zeigt eine Menge von Interaktionen zwischen ausgewählten Objekten in einer bestimmten begrenzten Situation (Kontext) unter Betonung der Beziehungen zwischen den Objekten und ihrer Topographie.

Komponente (UML: *component*)
Eine Komponente ist eine fachliche Einheit, mit einer internen, aus Klassen oder wiederum Komponenten beste-

henden Struktur, die nach außen Funktionalität über Schnittstellen bereitstellt oder anfordert, die unabhängig verwendbar ist, d.h. Standardimplementierungen für die angeforderten Schnittstellen besitzen muss, die technisch von anderen Komponenten und der umgebenden Kopplungslogik unabhängig ist und dadurch prinzipiell (zur Laufzeit und zur Entwurfszeit) austauschbar ist. Im Gegensatz zur Komponente, deren Zweck die Definition einer fachlichen Einheit ist, ist der Zweck eines Subsystems die Definition einer architektonischen Einheit.

Komponentendiagramm (UML: *component diagram*)
Ein Komponentendiagramm zeigt die Organisation und Abhängigkeiten von ⇨Komponenten.

Komposition (UML: *composite*) ⇨Aggregation
Eine Komposition ist eine strenge Form der Aggregation, bei der die Teile vom Ganzen existenzabhängig sind.

Kompositionsdiagramm (UML: *composite structure diagram*)
Ein Kompositionsdiagramm zeigt die interne Zusammensetzung und die Gruppierung von Schnittstellen einer Komponente oder Klasse.

Konfigurationsdiagramm ⇨Einsatzdiagramm

Konkrete Klasse (UML: *concrete class*)
Eine ⇨Klasse, die ⇨Objekte instantiieren kann. Vgl. ⇨Abstrakte Klasse.

Konsistenzzusicherung ⇨Zusicherung
Eine Zusicherung zwischen mehreren Assoziationen, die teilweise redundante Sachverhalte repräsentieren. Die Zusicherung gibt die Konsistenzbedingung an.

link ⇨Objektbeziehung

Mehrfachvererbung ⇨Multiple Vererbung

Mehrgliedrige Assoziation (UML: *n-ary association*)
Eine ⇨Assoziation, an der mehr als zwei ⇨Assoziationsrollen beteiligt sind.

Mengenverarbeitung (UML: *expansion region*)
Ein Mengenverarbeitungsbereich ist ein zusammenhängender Teilbereich eines Aktivitätsdiagrammes über dessen Grenze mengenwertige Objektknoten fließen, deren Einzelelemente innerhalb des Bereiches nebenläufig oder sequenziell verarbeitet werden.

Merkmal ⇨Eigenschaftswert

message ⇨Nachricht

meta class ⇨Metaklasse

meta model ⇨Metamodell

Metaklasse (UML: *meta class*)
Eine Metaklasse ist eine Klasse, deren Exemplare wiederum Klassen sind. Dieses Konzept existiert nur in einigen objektorientierten Sprachen (z.B. in Smalltalk).

Metamodell (UML: *meta model*)
Ein Modell, das die Sprache definiert, mit der ein Modell definiert werden kann.

Metatyp (UML: *powertype*)
Ein Metatyp ist ein Typ (eine Klasse), dessen Instanzen Untertypen (Unterklassen) eines anderen Typs (einer anderen Klasse) sind.

method ⇨Methode

Methode ⇨Operation
Eine Methode implementiert eine Operation, sie ist eine Sequenz von Anweisungen. Für die Praxis ist es unkritisch, Methode und Operation synonym zu verwenden.

Methodik
Eine Methodik ist die Lehre von der Anwendung einer Methode

Methodologie
Eine Methodologie ist die theoretische Reflexion über Methoden eines Fachgebiets.

Multiple Klassifikation
Ein Objekt ist zur gleichen Zeit Instanz mehrerer Klassen (nicht möglich in C++, Java und Smalltalk).

Multiple Vererbung
Eine Klasse hat mehrere direkte Oberklassen (nicht möglich in Java und Smalltalk).

Multiplizität
Bereich erlaubter ⇨Kardinalitäten.

n-ary association ⇨Mehrgliedrige Assoziation

Nachbedingung
Eine Nachbedingung beschreibt einen Zustand, der nach Abschluss einer Tätigkeit, Aktivität, Operation o.Ä. gegeben sein muss.

Nachricht (UML: *message*) ⇨Operation, ⇨Methode
Nachrichten sind ein Mechanismus, mit dem Objekte untereinander kommunizieren können. Eine Nachricht überbringt einem Objekt die Information darüber, welche Aktivität von ihm erwartet wird, d.h. eine Nachricht fordert ein Objekt zur Ausführung einer Operation auf. Eine Nachricht besteht aus einem Selektor (einem Namen), einer Liste von Argumenten und geht an genau einen Empfänger. Der Sender einer Nachricht erhält ggf. ein Antwort-Objekt zurück. Durch ⇨Polymorphismus kann eine Nachricht zum Aufruf einer von mehreren gleichlautenden ⇨Operationen führen.

navigability ⇨Navigierbarkeit

Navigation, Navigierbarkeit ⇨Navigationsangaben
Navigation ist die Betrachtung von Zugriffsmöglichkeiten auf Objekte (und ihre Attribute und Operationen) innerhalb eines Objektnetzes. *Direkt navigierbar* werden solche Zugriffe genannt, die ohne Umwege möglich sind.

Navigationsangaben
Navigationsangaben sind Spezifikationen zur Navigation, d.h. Beschreibungen von Zugriffspfaden und –einschränkungen und der daraus resultierenden Zugriffsergebnisse (beispielsweise mit Hilfe der ⇨OCL).

Nebenläufigkeit
Zwei oder mehr Aktionen können zeitgleich (parallel) ausgeführt werden.

node ⇨Knoten

Notation
Eine Notation ist eine Sammlung bzw. Vereinbarung von bestimmten textuellen oder grafischen Symbolen, mit denen bestimmte Gegenstände oder Konzepte repräsentiert werden sollen. Beispielsweise enthält die UML ein Element, mit dem das Konzept der Klasse repräsentiert werden kann.

Notiz (UML: *note*)
Kommentare bzw. Annotationen zu einem Diagramm oder einem oder mehreren beliebigen Modellelementen ohne semantische Wirkung.

Oberklasse, Superklasse (UML: *superclass*) ⇨Generalisierung
Eine Oberklasse ist eine Verallgemeinerung ausgewählter Eigenschaften ihrer ⇨Unterklasse(n).

Oberzustand (UML: *superstate*) ⇨Zustand
Ein Oberzustand enthält andere Zustände bzw. Unterzustände.

object diagram ⇨Objektdiagramm

Object Engineering Process ⇨OEP

Objekt (UML: *object*)
⇨ Exemplar

Objektbasiert
Eine Programmiersprache oder Datenbank wird als objektbasiert bezeichnet, wenn sie das Konzept der Datenabstraktion unterstützt, weitergehende Konzepte wie Klassen, Vererbung, Polymorphie etc. aber teilweise oder vollständig fehlen.

Objektbeziehung (UML: *link*)
Eine konkrete Beziehung zwischen zwei Objekten, d.h. die Instanz einer ⇨Assoziation. Ein Objekt hat eine Beziehung zu einem anderen Objekt, wenn es eine Referenz darauf besitzt. Implementiert werden diese Referenzen gewöhnlich durch ⇨Attribute, was für die Modellierung jedoch unerheblich ist.

Objektdiagramm (UML: *object diagram*)
Ein Objektdiagramm zeigt eine ähnliche Struktur wie das Klassendiagramm, jedoch statt der Klassen, exemplarisch eine Auswahl der zu einem bestimmten Zeitpunkt existierenden Objekte mit ihren augenblicklichen Werten.

Objektidentität
ist eine Eigenschaft, die ein Objekt von allen anderen unterscheidet, auch wenn es möglicherweise die gleichen Attributwerte besitzt.

Objektorientierte Programmiersprache
Objektorientierte Programmiersprachen erfüllen folgende Basiskonzepte:

- Objekte sind abstrakte Einheiten,
- Objekte sind Exemplare einer Klasse, d.h. von einer Klasse abgeleitet,
- die Klassen vererben ihre Eigenschaften und bilden so eine Vererbungshierarchie,
- auf Objekte wird dynamisch verwiesen, d.h. die Bindung ist dynamisch und ermöglicht so Polymorphie.

OCL, Object Constraint Language
Die OCL definiert eine Sprache zur Beschreibung von ⇨Zusicherungen, ⇨Invarianten, ⇨Vor- und Nachbedingungen und ⇨Navigation innerhalb von UML-Modellen.

OCUP
OCUP ist die Abkürzung für *OMG Certified UML Professional*, d.h. OMG-zertifizierter UML-Profi.

OEP
ist die Abkürzung für Object Engineering Process. Der OEP ist ein UML-basiertes Vorgehensmodell der Firma oose (www.oose.de/oep).

OMG
ist die Abkürzung für Object Management Group. Die OMG ist ein Industriekonsortium, das unter anderem die Rechte an der UML hält und die Weiterentwicklung der UML organisiert.

OO
ist die Abkürzung für Objektorientierung.

operation ⇨Operation

Operation (UML: *operation*) ⇨Methode, ⇨Nachricht
Operationen sind Dienstleistungen, die von einem Objekt angefordert werden können. Sie werden beschrieben durch ihre Signatur (Operationsname, Parameter, ggf. Rückgabetyp).

Ordnungszusicherung ⇨Zusicherung
Eine Zusicherung zu einer Assoziation, die angibt, dass ihre Elemente (⇨Objektverbindungen) in bestimmter Weise geordnet sind.

package ⇨Paket

Paket (UML: *package*)
Pakete sind Ansammlungen von Modellelementen beliebigen Typs, mit denen das Gesamtmodell in kleinere überschaubare Einheiten gegliedert wird. Ein Paket definiert einen Namensraum, d.h. innerhalb eines Paketes müssen die Namen der enthaltenen Elemente eindeutig sein. Jedes Modellelement kann in anderen Paketen referenziert werden, gehört aber zu genau einem (Heimat-) Paket. Pakete können wiederum Pakete beinhalten. Das
oberste Paket beinhaltet das gesamte System.

parameter ⇨Parameter

Parameter (UML: *parameter*)
Ein Parameter ist die Spezifikation einer Variablen, die Operationen, Nachrichten oder Ereignissen mitgegeben, von diesen verändert oder zurückgegeben wird. Ein Parameter kann aus einem Namen, einem Typ (einer Klasse) und einer Übergaberichtung (in, out, inout) bestehen.

parameterized class ⇨Parametrisierbare Klasse

Parametrisierbare Klasse (UML: *parameterized class*)
Eine parametrisierbare Klasse ist eine mit generischen formalen Parametern versehene Schablone, mit der gewöhnliche (d.h. nicht-generische) Klassen erzeugt werden können. Die generischen Parameter dienen als Stellvertreter für die aktuellen Parameter, die Klassen oder einfache Datentypen repräsentieren.

Parametrisierte Klasse ⇨ Parametrisierbare Klasse
Als parametrisierte Klasse wird die Instanz einer ⇨Parametrisierbaren Klasse bezeichnet, d.h. das Ergebnis einer konkreten Parametrisierung.

Parameterliste
Aufzählung der Namen von Argumenten sowie ggf. ihres Typs, Initialwertes u.Ä.

Partition
Eine Partition (Verantwortlichkeits- bzw. Eigenschaftsbereich) beschreibt innerhalb eines Aktivitätsmodells, wer oder was für einen Knoten verantwortlich ist oder welche gemeinsame Eigenschaft sie kennzeichnet.

pattern, design pattern ⇨Entwurfsmuster

Persistentes Objekt
Persistente Objekte (persistent: lat. „anhaltend") sind solche, deren Lebensdauer über die Laufzeit einer Programmsitzung hinausreicht. Die Objekte werden hierzu auf nichtflüchtigen Speichermedien (z.B. Datenbanken) gehalten.

Polymorphismus
Polymorphismus (Vielgestaltigkeit) heißt, dass gleichlautende Nachrichten an kompatible Objekte unterschiedlicher Klassen ein unterschiedliches Verhalten bewirken können. Beim dynamischen Polymorphismus wird eine Nachricht nicht zur Compilierzeit, sondern erst beim Empfang zur Programmlaufzeit einer konkreten Operation zugeordnet. Voraussetzung hierfür ist das dynamische Binden.

powertype ⇨Metatyp

Problembereich ⇨Domäne
Anwendungsgebiet bzw. Problembereich, innerhalb dessen die fachliche Modellierung stattfindet. Als Problembereichsmodell (Domänenmodell) wird in der Regel der Teil des Gesamtmodells verstanden, der sich auf den eigentlichen fachlichen Problembereich bezieht (auch fachliches Modell genannt). Technische, querschnittliche u.ä. Aspekte gehören nicht dazu. Im Kontext von Anwendungsarchitektur ist zumeist das fachliche Klassenmodell gemeint (d.h. ohne Framework-, GUI-, Controler- u.ä. Klassen).

Propagation ⇨Delegation
Ausdehnung der Eigenschaften einer Klasse durch Verwendung von Operationen anderer Klassen.

property ⇨Eigenschaftswert

Protokoll
Eine Menge von Signaturen.

Protokollautomat (UML: *protocol machine*)
Ein Protokollautomat ist eine spezielle Form des Zustandsdiagrammes, die dazu dient, lediglich die möglichen und verarbeitbaren Ereignisse ohne weitergehendes Verhalten zu beschreiben.

qualifier ⇨Qualifizierendes Attribut

Qualifizierendes Attribut (UML: *qualifier*)
⇨Qualifizierte Assoziation
Das Attribut, über welches in einer Assoziation der Zugriff auf die gegenüberliegende Seite erfolgt. Das qualifizierende Attribut ist definiert als Teil der Assoziation, jedoch muss in der Klasse, auf die darüber zugegriffen wird, dieses Attribut definiert sein.

Qualifizierte Assoziation ⇨Assoziation, ⇨Qualifizierendes Attribut
Eine qualifizierte Assoziation ist eine Assoziation, bei der die referenzierte Menge der Objekte durch qualifizierende Attribute in Partitionen unterteilt wird, wobei vom Ausgangsobjekt aus betrachtet jede Partition nur einmal vorkommen kann.

Rahmenwerk (UML: *framework*)
Ein Rahmenwerk ist eine Menge kooperierender Klassen, die unter Vorgabe eines Ablaufes (*„Don't call the framework, the framework calls you"*) eine generische Lösung für eine Reihe ähnlicher Aufgabenstellungen bereitstellen.

Realisierung (UML: *realize*)
Eine Realisierung ist eine Beziehung zwischen einem Element, das eine Anforderung beschreibt, und einem Element, das diese Anforderungen umsetzt.

Referentielle Integrität
Regel, die die Integrität von Objektbeziehungen beschreibt, vor allem für den Fall, dass eines der beteiligten Objekte oder die Objektverbindung selbst gelöscht werden sollen.

refinement ⇨Verfeinerungsbeziehung

Reifegradmodell
Ein Reifegradmodell stellt Forderungen an ein Vorgehensmodell, um die Qualität des Prozesses zu bewerten. Es dient vorrangig der Bestimmung von Verbesserungsmaßnahmen.

relationship ⇨Beziehung

Rolle ⇨Assoziationsrolle

Sammlung (UML: *collection*)
Sammlungen sind Objekte, die eine Menge anderer Objekte referenzieren und die Operationen bereitstellen, um auf diese Objekte zuzugreifen.

Schablone ⇨Parametrisierbare Klasse

Schichtenmodell
Ein Schichtenmodell beschreibt, aus welchen grundsätzlichen Hard- und Softwareschichten die auf dieser Architektur basierenden Lösungen bestehen.

Schnittstelle (UML: *interface*)
Schnittstellen beschreiben mit einer Menge von Signaturen einen ausgewählten Teil des extern sichtbaren Verhaltens von Modellelementen (hauptsächlich von Klassen und Komponenten).

Schnittstellenvererbung
Innerhalb einer ⇨Spezialisierungsbeziehung wird lediglich eine ⇨Schnittstelle vererbt.

Schritt ⇨Aktionsknoten

scenario ⇨Szenario

Sekundärer Anwendungsfall
Ein sekundärer Anwendungsfall ist ein Anwendungsfall, der einen unvollständigen Teilablauf beschreibt, der in gleichartiger Weise Teil mehrerer Anwendungsfälle ist und deren Vollständigkeits- und Abgrenzungskriterien ggf. nicht erfüllt sind.

Selbstdelegation
Zur Ausführung einer Operation wird eine Teilaufgabe an eine Operation der selben Klasse delegiert (d.h. ein Objekt sendet sich selbst eine Nachricht).

Self
Self (Smalltalk) und *this* (Java, C++) sind vordefinierte Programmiersprachen-Schlüsselwörter. Mit this bzw. self kann sich ein Objekt selbst eine Nachricht senden, d.h. es ruft eine andere seiner eigenen Methoden auf. Nachrichten, die ein Objekt mit this bzw. self an sich selbst sendet, werden genauso behandelt, wie solche von außen. Ebenso kann damit auf Attribute der eigenen Klasse zugegriffen werden.

sequence diagram ⇨Sequenzdiagramm

Sequenzdiagramm (UML: *sequence diagram*)
Eine Sequenz zeigt eine Reihe von Nachrichten, die eine ausgewählte Menge von Beteiligten (Objekten und Akteuren) in einer zeitlich begrenzten Situation austauscht, wobei der zeitliche Ablauf betont wird.

Spezialisierung, Generalisierung ⇨Vererbung
Eine Generalisierung (bzw. Spezialisierung) ist eine taxonomische Beziehung zwischen einem allgemeinen und einem speziellen Element (bzw. umgekehrt), wobei das speziellere weitere Eigenschaften hinzufügt, die Semantik erweitert und sich kompatibel zum allgemeinen verhält. Generalisierung und Spezialisierung sind Abstraktionsprinzipien zur hierarchischen Strukturierung der Modellsemantik unter einem diskriminierenden Aspekt (⇨Diskriminator).

Sichtbarkeitskennzeichen
schränken die Zugreifbarkeit von Attributen und Operationen ein (*private, protected, public* etc.).

Signal (UML: *signal*)
Ein empfangenes Signal ist die Benachrichtigung über ein zu beachtendes Vorkommnis. Ein gesendetes Signal ist ein Vorkommnis über das benachrichtigt wird.

Signatur
Die Signatur einer Operation setzt sich zusammen aus dem Namen der Operation, ihrer Parameterliste und der Angabe eines evtl. Rückgabetyps.

Standard-Implementierung
Konkrete Implementierung einer eigentlich abstrakten Operation, um für Subklassen ein Standardverhalten bereitzustellen.

state ⇨Zustand

state diagram ⇨Zustandsdiagramm

Statische Klassifikation
Ein Objekt ist und bleibt Instanz genau einer Klassen, d.h. es kann seine Klassenzugehörigkeit während seiner Lebenszeit nicht ändern. Vgl. ⇨Dynamische Klassifikation.

stereotype ⇨Stereotyp

Stereotyp (UML: *stereotype*)
Stereotypen sind formale Erweiterungen vorhandener Modellelemente des UML-Metamodells. Entsprechend der mit der Erweiterung definierten Semantik wird das Modellierungselement, auf das es angewendet wird, direkt semantisch beeinflusst. Stereotypen führen kein neues Modellelement im Metamodell ein, sondern versehen ein bestehendes mit zusätzlicher Semantik.

subclass ⇨Unterklasse

Subklasse (UML: *subclass*) ⇨Unterklasse

Subsystem ⇨Komponente
Ein Subsystem ist eine spezielle Komponente, deren Zweck die Repräsentation einer architektonischen Einheit darstellt.

superclass ⇨Oberklasse

Superklasse *(UML: superclass)* ⇨Oberklasse

superstate ⇨Superzustand

swimlane ⇨Verantwortlichkeitsbereich

Systemanwendungsfall
Ein Systemanwendungsfall ist ein Anwendungsfall, der speziell das für außen stehende Akteure (Benutzer oder Nachbarsysteme) wahrnehmbare Verhalten eines (Hard-/Software-) Systems beschreibt.

Systemkontextdiagramm
Ein Systemkontextdiagramm ist ein Komponentendiagramm, das alle Akteure dieses Systems zeigt.

Szenario (UML: *scenario*)
Ein Szenario beschreibt einen möglichen konkreten Ablauf von etwas. In der Praxis werden Szenarien durchgespielt, um aus der hypothetischen Aufeinanderfolge von Ereignissen Erkenntnisse über kausale Zusammenhänge zu gewinnen. Ein Szenario ist eine konkrete mögliche Ausprägung eines Anwendungsfalles.

tagged value ⇨Eigenschaftswert

template ⇨Parametrisierbare Klasse

Ternäre Assoziation ⇨Mehrgliedrige Assoziation
Eine Assoziation, an der drei Assoziationsrollen beteiligt sind.

this ⇨self

Token
Ein Token ist eine symbolische Markierung in einem Zustands-, Aktivitäts- oder Petrinetz und zeigt an, an welcher Position sich ein Kontrollfluss befindet. Es können auch mehrere Tokens an einer Stelle sein.

Transition (UML: *transition*)
Eine Transition ist ein Zustandsübergang (⇨Zustand), häufig ausgelöst durch ein ⇨Ereignis.

type ⇨Typ

Typ (UML: *type*)
Definition einer Menge von Operationen und Attributen. Andere Elemente sind typkonform, wenn sie über die durch den Typen definierten Eigenschaften verfügen. Wird in der Praxis häufig gleichgesetzt mit der Beschreibung von ⇨Schnittstellen.

Ungerichtete Assoziation ⇨Bidirektionale Assoziation

Unidirektionale Assoziation ⇨Gerichtete Assoziation

Unterklasse, Subklasse (UML: *subclass*)
Eine Unterklasse ist die Spezialisierung einer Oberklasse und erbt alle Eigenschaften der Oberklasse.

Untermengenzusicherung ⇨Zusicherung
Eine Zusicherung/Abhängigkeit zwischen zwei Assoziationen. Die Elemente (⇨Objektverbindungen) der einen Assoziationen müssen Teil der Elemente der anderen Assoziation sein.

use case ⇨Anwendungsfall

utility ⇨Hilfsklasse

V-Modell XT
Das V-Modell XT beschreibt beispielsweise die vertragliche Zusammenarbeit und Abgrenzung der Verantwortlichkeiten von Auftragnehmer und Auftraggeber entlang des Lebenszyklus eines Projektes. Es enthält aber zusätzlich auch die Beschreibungen, was ein Anwendungsfall ist und wie das Konzept des Anwendungsfalles eingesetzt werden kann oder soll.

Verantwortlichkeit
Verantwortlichkeit beschreibt, für welche fachlichen Aufgaben eine Klasse verantwortlich ist.

Verantwortlichkeitsbereich (UML: *partition*)
⇨Partition

Vererbung (UML: *inheritance*) ⇨Einfachvererbung, ⇨Multiple Vererbung, ⇨Multiple Klassifikation, ⇨Dynamische Klassifikation
Vererbung ist ein Programmiersprachenkonzept für die Umsetzung einer Relation zwischen einer Ober- und einer Unterklasse, wodurch Unterklassen die Eigenschaften ihrer Oberklassen mitbenutzen können. Vererbung implementiert normalerweise ⇨Generalisierungs- und Spezialisierungsbeziehungen. Alternativen: ⇨Delegation, ⇨Aggregation, ⇨generische Programmierung, ⇨generisches Design.

Verfeinerungsbeziehung (UML: *refinement*)
Verfeinerungsbeziehungen sind Beziehungen zwischen gleichartigen Elementen unterschiedlichen Detaillierungs- bzw. Spezifikationsgrades. Verfeinerungsbeziehungen sind Stereotypisierungen von ⇨Abhängigkeitsbeziehungen.

Verteilungsdiagramm (UML: *deployment diagram*)
Verteilungsdiagramme zeigen, welche Hard- und Software grundsätzlich vorhanden ist, auf welcher Hardware welche Software läuft und welche Verbindungen zwischen den einzelnen Einheiten bestehen.

Virtuelle Klasse ⇨Abstrakte Klasse

Virtuelle Operation ⇨Abstrakte Operation

Vorbedingung
Eine Vorbedingung beschreibt einen Zustand, der vor dem Ablauf einer Tätigkeit, Aktivität, Operation o.Ä. gegeben sein muss.

Vorgehensmodell
Ein Vorgehensmodell hingegen beschreibt die Abwicklung eines Entwicklungsvorhabens und orientiert sich dabei zumeist am Lebenszyklus des Vorhabens bzw. zu erstellenden Produktes. Vorgehensmodelle sind mehr oder weniger strukturierte Beschreibungen und Sammlungen von Aktivitäten, Ergebnissen, Beteiligten, Organisations-, Entscheidungs-, Berichts- und Verantwortungsstrukturen, Werkzeugen/Hilfsmitteln, Best- oder Good-Practices, Richtlinien, Standards, Mustern (z.B. Formulare) und Beispielen.

Workflow ⇨Geschäftsprozess
Ein Workflow ist die computergestützte Automatisierung und Unterstützung eines Geschäftsprozesses oder eines Teils davon.

Workflow-Engine
Die Workflow-Engine ist eine Software, die Workflows steuert. Sie erzeugt, aktiviert, suspendiert und terminiert Workflow-Instanzen (d.h. die computergestützte Manifestation eines Geschäftsvorfalles).

Workflow-Instanz
Eine Workflow-Instanz ist die computergestützte Manifestation eines Geschäftsvorfalles; sie wird durch eine Workflow-Engine gesteuert.

Zeitdiagramm (UML: *timing diagram*)
Ein Zeitdiagramm beschreibt die zeitlichen Bedingungen von Zustandswechseln mehrerer beteiligter Objekte.

Zusammensetzungsdiagramm
⇨Kompositionsdiagramm

Zusicherung (UML: *constraint*)
Eine Zusicherung ist ein Ausdruck, der die möglichen Inhalte, Zustände oder die Semantik eines Modellelementes einschränkt und der stets erfüllt sein muss.

Zustand (UML: *state*)
Ein Zustand ist ein Ausdruck, der die möglichen Inhalte, Zustände oder die Semantik eines Modellelementes einschränkt und der stets erfüllt sein muss. Bei dem Ausdruck kann es sich um einen Stereotyp oder einen Eigenschaftswert handeln, um eine freie Formulierung oder einen OCL-Ausdruck. Zusicherung in einer Form reiner boolescher Ausdrücke werden auch Assertions genannt.

Zustandsdiagramm (UML: *state diagram, state machine*)
Ein Zustandsmodell wird dargestellt durch Zustandsdiagramme. Ein Zustandsmodell zeigt eine Folge von Zuständen, die ein Objekt im Laufe seines Lebens einnehmen kann, und gibt an, aufgrund welcher Stimuli Zustandsänderungen stattfinden. Ein Zustandsmodell beschreibt eine hypothetische Maschine (endlicher Automat), die sich zu jedem Zeitpunkt in einer Menge endlicher Zustände befindet. Sie besteht aus einer endlichen, nicht leeren Menge von Zuständen, einer endlichen, nicht leeren Menge von Eingabesymbolen (Ereignissen), Funktionen, die den Übergang von einem Zustand in den nächsten beschreiben, einem Anfangszustand und einer Menge von Endzuständen.

3.2 Übersetzungen

Immer wieder kommt es zu Auseinandersetzungen darüber, wie die „richtigen“ Übersetzungen der englischen Originalbegriffe lauten. Während „class“ noch zweifelsfrei übersetzt werden kann, sind „deployment diagram“ und „stakeholder“ nicht mehr so einfach einzudeutschen. Es stellt sich sogar die Frage, ob denn überhaupt deutsche Begriffe notwendig sind.

Solange Informatiker unter sich sind, werden häufig die Originalbegriffe verwandt. Bei den Anwendern handelt es sich gewöhnlich jedoch um Nicht-Informatiker, dafür aber beispielsweise um Versicherungsexperten, Buchhaltungsmitarbeiter u.Ä. Um die Kommunikation mit dieser Gruppe möglichst fehlerarm zu führen, sollte deren Sprache verwendet und Informatik-Fachjargon vermieden werden. „Anwendungsfall“ ist auf Anhieb leichter zu verstehen als „use case“.

Dass Informatiker untereinander häufig die Orginalbegriffe verwenden, ist weniger problematisch, wenngleich auch hier berücksichtigt werden muss, dass Begriffe nicht nur abstrakt *verstanden* werden müssen, sie müssen auch *gefühlt* werden, d.h. spontan das richtige innere Bild auslösen. Solange Informatiker für sich die Begriffe immer noch gedanklich übersetzen müssen, ist die Kommunikation nicht optimal. Das ist meistens jedoch nur eine Frage der Zeit – d.h. die Übersetzung wird allmählich automatisiert, der Originalbegriff verbindet sich dann sofort mit dem richtigen inneren Bild.

Etwas anders stellt sich das Problem für deutschsprachige Publikationen. Gewöhnlich findet hier keine Kommunikation zwischen gleichwertigen Partnern statt, wie vielleicht im Projektalltag zwischen Informatikern. Hier werden vorrangig Informationen transportiert, die für den Leser neu sind – das Lernen und Verstehen steht im Vordergrund. Der Autor kann nicht davon ausgehen, dass der Empfänger der Information den gleichen Kontext und ein vergleichbares Hintergrundwissen hat. Deshalb sind treffende und einheitliche Übersetzungen für Fachbücher u.Ä. ein wichtiges Thema.

In der auf den nächsten Seiten folgenden Übersicht finden Sie alle wichtigen Originalbegriffe und die hier verwendete und gängige Übersetzung.

Original	Deutsch
(association) role	(Assoziations-)Rolle
action	Aktion
action state	Aktionszustand
activity	Aktivität (vgl. activity node)
activity diagram	Aktivitätsdiagramm
activity edge	Kante
activity final node	Endknoten
activity node	Aktivitätsknoten, Schritt, Aktivität
activity partition	Partition
actor	Akteur
aggregation	Aggregation, Teile/Ganzes-Beziehung
artifact	(das) Artefakt, Ergebnis
assembly connector	Kompositionskonnektor
association	Assoziation (ungerichtet)
association class	Assoziationsklasse
attribute	Attribut
behavior	Verhalten
behavior diagram	Verhaltensdiagramm
behaviored classifier	Verhaltensspezifischer Classifier
bidirectional association	bidirektionale Assoziation, beidseitig gerichtete Assoziation
bound element	gebundenes Element
cardinality	Kardinalität
class	Klasse
class diagram	Klassendiagramm
collaboration diagram	Kollaborationsdiagramm
communication diagram	Kommunikationsdiagramm
communication path	Kommunikationspfad
compartment	Abteilung
component	Komponente
component diagram	Komponentendiagramm
composite structure diagram	Kompositionsdiagramm, Zusammensetzungsdiagramm
composition	Komposition
concurrent	nebenläufig
constraint	Einschränkung
control edge	Ablaufkante
CRC-Card	CRC-Karte, Klassenkarte
decision	Entscheidung
dependency	Abhängigkeit
deployment diagram	Einsatz- und Verteilungsdiagramm
design model	Entwurfsmodell
Device	Gerät
discriminator	Diskriminator.

Original	Deutsch
	Unterscheidungsmerkmal
domain model	Problembereichsmodell
end point	Endpunkt
entry action	Eintrittsaktion
event	Ereignis
execution environment	Ausführungsumgebung
execution occurrence	Ausführungsfokus
exit action	Austrittsaktion
feature	Feature, Merkmal
final state	Endzustand
flow final node	Ablaufende
focus of control	Steuerungsfokus
generalization	Generalisierung
guard	Bedingung
implementation dependency	Implementierungsbeziehung
information item	Informationseinheit
initial node	Startknoten
initial state	Anfangszustand
instance	Exemplar (Instanz, Ausprägung)
instance diagram	Ausprägungsdiagramm
instantiated class	instantiierte Klasse
interaction	Interaktion
interaction diagram	Interaktionsdiagramm
interaction overview diagram	Interaktionsübersicht
interface	Schnittstelle
interruptable activity region	Unterbrechbarer Aktivitätsbereich
Lifeline	Lebenslinie
Link	Objektbeziehung
message	Nachricht, Botschaft
method	Methode
multiplicity	Multiplizität
navigability	Navigierbarkeit
node	Knoten
node diagram	Knotendiagramm
note	Notiz, Anmerkung
object	Objekt
object diagram	Objektdiagramm
object edge	Objektkante
object node	Objektknoten
operation	Operation
Partition	Partition (Verantwortlichkeitsbereich)

Original	Deutsch
package	Paket
package diagram	Paketdiagramm
parallel	nebenläufig
parameterized class	parametrisierte Klasse
pattern	Muster
port	Port
predecessor	Vorgänger, Voraussetzung
problem domain	Problembereich
profile diagram	Profildiagramm
property	Eigenschaft
property string	Eigenschaftswert
protocol state machine	Protokoll-Zustandsautomat
qualified association	qualifizierte Assoziation
qualifier	Qualifizierung
realization dependency	Realisierungsbeziehung
refinement	Verfeinerung
relationship	Beziehung
restriction	Restriktion
scenario	Szenario
sequence diagram	Sequenzdiagramm
state	Zustand
statechart diagram	Zustandsdiagramm
state machine	Zustandsautomat
stereotype	(das) Stereotyp
structure diagram	Strukturdiagramm

Original	Deutsch
subclass	Unterklasse
substate	Teilzustand
superclass	Oberklasse
swimlane	Partition, Verantwortlichkeitsbereich (Schwimmbahn)
synchronization bar	Synchronisationsbalken
tagged value	Eigenschaftswert
template class	Template-Klasse, parametrisierbare Klasse
timing diagram	Zeitdiagramm, Timing-Diagramm (Zeitverlaufsdiagramm)
token	Token
transition	Transition, Übergang (Zustandsübergang)
type	Typ
UML	(die) UML
unidirectional association	(einseitig) gerichtete Assoziation
Unified Modeling Language	Unified Modeling Language
usage dependency	Verwendungsbeziehung
use case	Anwendungsfall, Use-Case
use case diagram	Anwendungsfalldiagramm, Use-Case-Diagramm
view	Sicht
visibility	Sichtbarkeit
wait state	Wartezustand

3.3 Literatur

Eine aktuelle und ggf. ausführlichere Bibliographie finden Sie unter http://www.oose.de/bibliographie. Die fett hervorgehobenen Titel empfehlen wir zur Vertiefung oder Ergänzung.

[Alexandrescu2001]
A. Alexandrescu: *Modern C++ Design: Generic Programming and Design Patterns Applied*, Addison-Wesley, Boston, 2001.

[Booch1999]
G. Booch, J. Rumbaugh, I. Jacobson: *Unified Modeling Language User Guide*, Addison Wesley Longman, 1999.

[Cockburn1998]
A. Cockburn: *Surviving Object-Oriented Projects, A Manager's Guide*, Addison-Wesley Longeman, 1998.

[Cook1994]
S. Cook, J. Daniels: *Designing Object Systems: Object-Oriented Modeling with Syntropy*, Prentice Hall, 1994.

[Harel1987]
D. Harel: *Statecharts: A Visual Formalism for Complex Systems*, in: Science of Computer Programming 8, 1987, S. 231ff.

[ISO/IEC19501]
Informationstechnik - Offene verteilte Verarbeitung - Vereinheitlichte Modellierungssprache (UML) Version 1.4.2, 4/2005

[Jacobson1999]
I. Jacobson, G. Booch, J. Rumbaugh: *The Unified Software Development Process*, Addison Wesley Longman, 1999.

[Kruchten1998]
P. Kruchten: *The Rational Unified Process, An Introduction*, Addison-Wesley, Longman, 1998.

[OEP2]
oose innovative Informatik GmbH
Object Engineering Process, http://www.oose.de/oep

[Oestereich1999]
B. Oestereich: *Wie setzt man Use-Cases wirklich sinnvoll zur Anforderungsanalyse ein?* In Objekt-Spektrum 1/1999.

[Oestereich2003a]
B. Oestereich et al.: *Objektorientierte Geschäftsprozessmodellierung mit der UML.* dpunkt.Verlag, Heidelberg, 2003.

[OestereichWeiss2007]
Bernd Oestereich und Christian Weiss: *APM – Agiles Projektmanagement,* dpunkt.Verlag, Heidelberg, 2007

[Oestereich2009]
B. Oestereich: *Analyse und Design mit der UML 2.3*, Oldenbourg, München, 2009.

[Pichler2007]
Roman Pichler: *Scrum - Agiles Projektmanagement erfolgreich einsetzen,* dpunkt.Verlag, Heidelberg, 2007

[UML1.0]
J. Rumbaugh, I. Jacobson, G. Booch: *The Unified Modeling Language, Documentation Set 1.0*, Rational Software Corporation, Santa Clara, 1997.

[UML2.2]
OMG Unified Modeling Language, 2009,
http://www.omg.org/uml

[UML2a]
Object Management Group, *Unified Modeling Language: Superstructure*, Version 2 beta R1, Revised submission, ad/2002-09-02.

[UML2b]
Object Management Group, *Unified Modeling Language: Infrastructure*, Version 2.0, Updated submission, ad/2002-09-01.

[UML2c]
Object Management Group, *Unified Modeling Language: Superstructure*, Version 2.2 Beta 1, Updated submission, ad/2008-05-05.

[UML-oose]
Verschiedene Informationen zur UML: www.oose.de/uml.

[Warmer1999]
The Object Constraint Language: Precise Modeling with UML, Addison-Wesley, 1999

[Weilkiens2003a]
T. Weilkiens, B. Oestereich: *UML 2.0: Jetzt wird alles gut?* Objekt-Spektrum 01/2003.

[Weilkiens2004]
T. Weilkiens, B. Oestereich: *UML 2-Zertifizierung, Test-Vorbereitung zum OMG Certified UML Professional (Fundamental),* dpunkt.Verlag, Heidelberg, 2004.

[Weilkiens2005]
T. Weilkiens, B. Oestereich: *UML 2-Zertifizierung, Test-Vorbereitung zum OMG Certified UML Professional (Intermediate),* dpunkt.Verlag, Heidelberg, 2004.

[Weilkiens2008]
T. Weilkiens: *Systems Engineering mit SysML/UML*, dpunkt.Verlag, Heidelberg, 2008.

3.4 Index

Aktivitätsdiagramme

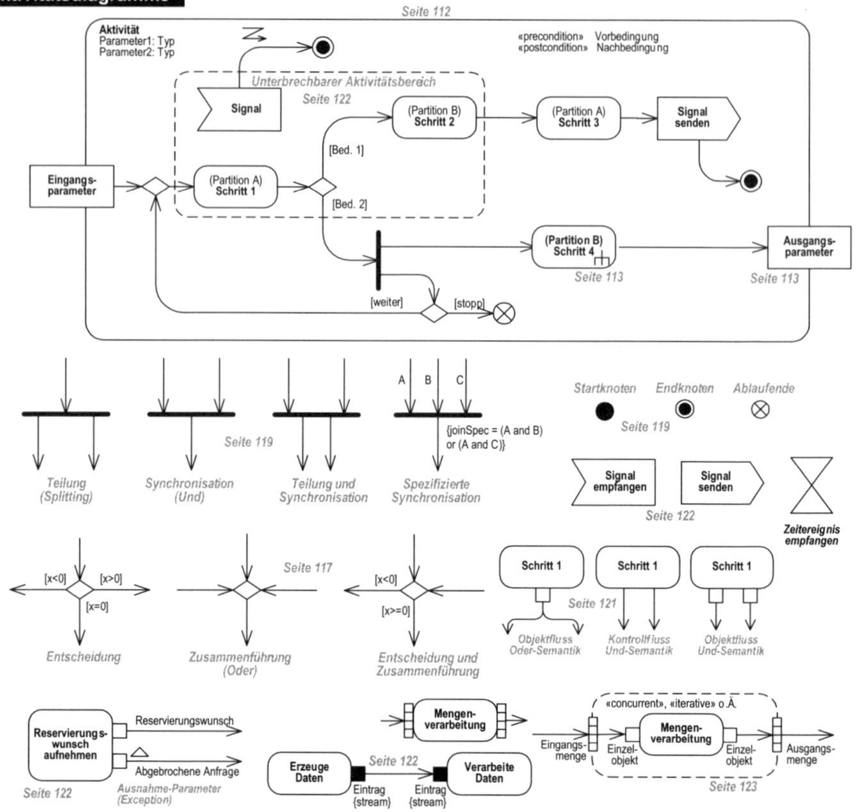

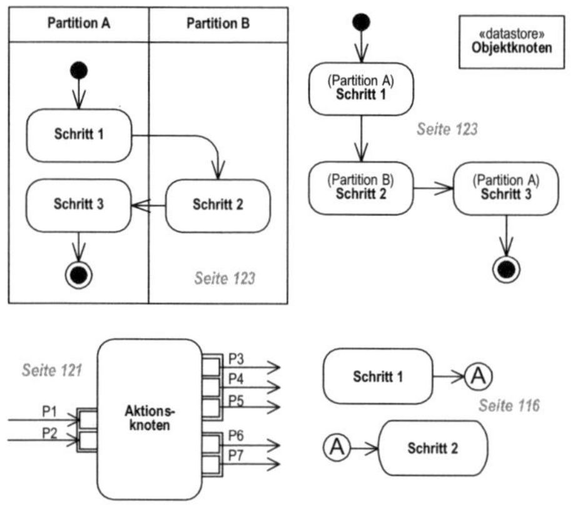

Interaktionsübersicht

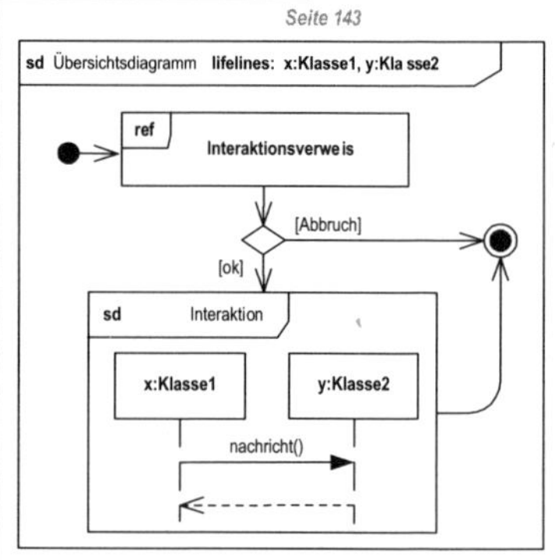

Aktuelle Fassung, Info und Download: http://www.oose.de/uml